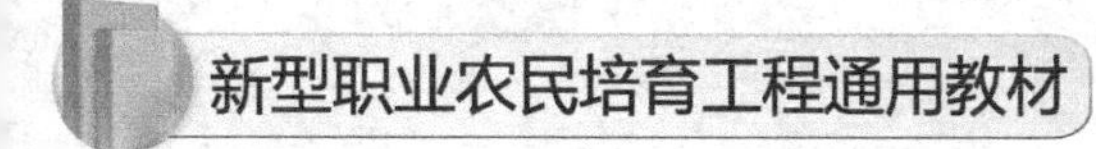

生态农业与美丽乡村建设

◎ 胡巧虎　胡晓金　李学军　主编

中国农业科学技术出版社

图书在版编目（CIP）数据

生态农业与美丽乡村建设 / 胡巧虎，胡晓金，李学军主编 .—北京：中国农业科学技术出版社，2017.6（2023.2重印）

新型职业农民培育工程通用教材

ISBN 978-7-5116-3063-6

Ⅰ.①生… Ⅱ.①胡…②胡…③李… Ⅲ.①生态农业建设-中国-技术培训-教材②农村-社会主义建设-中国-技术培训-教材 Ⅳ.①F323.22②F320.3

中国版本图书馆 CIP 数据核字（2017）第 096221 号

责任编辑 徐 毅
责任校对 李向荣

出 版 者 中国农业科学技术出版社
北京市中关村南大街 12 号 邮编：100081
电　　话 (010)82106631(编辑室) (010)82109702(发行部)
(010)82109709(读者服务部)
传　　真 (010)82106631
网　　址 http://www.castp.cn
经 销 者 各地新华书店
印 刷 者 北京捷迅佳彩印刷有限公司
开　　本 850mm×1168mm 1/32
印　　张 8
字　　数 185 千字
版　　次 2017 年 6 月第 1 版 2023 年 2 月第 12 次印刷
定　　价 30.00 元

《生态农业与美丽乡村建设》

编　委　会

内容提要

本书共 8 章，内容包括：生态农业概述、生态农业与效益经济、环境污染的防治与处理、美丽乡村建设概述、美丽乡村的发展模式、美丽乡村的规划设计、美丽乡村的项目建设、美丽乡村的文化建设等。内容丰富、语言通俗、简明扼要。本书适用于广大新型职业农民、基层农技人员学习参考。

前言

随着我国土壤和水体污染及农产品质量安全风险的日益加剧，迫切需要转变农业发展方式，加强农业面源污染治理，从而推进农业生态环境保护与治理，促进农业可持续发展，为美丽乡村建设打开突破口。

本书是根据农业部新型职业农民规范要求编写而成。全书共8章。第一章为生态农业概述，介绍了生态农业的相关概念、主要特征以及生态平衡与生态环境保护；第二章为生态农业与效益经济，介绍了生态畜牧业、生态种植业、农业生态旅游与无公害生态农产品等；第三章为环境污染的防治与处理，介绍了化肥污染的防治、农药污染的防治、“白色”污染的防治、农作物秸秆污染的防治、畜禽粪便污染的防治、生活污水的处理、生活垃圾的处理以及重金属污染等；第四章为美丽乡村建设概述，介绍了美丽乡村建设的背景、什么是美丽乡村、美丽乡村建设的动力、美丽乡村建设的措施等；第五章为美丽乡村的发展模式，介绍了美丽乡村的村庄类型、美丽乡村的建设内容、美丽乡村的典型模式等；第六章为美丽乡村的规划设计，介绍了美丽乡村规划的原则、美丽乡村住宅规划、美丽乡村道路规划、美丽乡村给排水规划、美丽乡村电网规划、美丽乡村绿地建设、美丽乡村景观设计、美丽乡村生态环境规划等；第七章为美丽乡村的项目建设，介绍了支持“三农”发展的项目、项目的申报条件与要求及申报流程、公共设施与美丽乡村、乡土人才培养等；第八章为美丽乡村的文化建设，介绍了乡村文化的内涵及建设措施。

由于编写时间和水平有限，书中难免存在不足之处，恳请读者朋友提出宝贵意见，以便及时修订。

编　者

2017 年 3 月

目　录

第一章　生态农业概述

第一节　生态农业的基本内涵

一、生态农业的概念

生态农业是当今世界人类在面临粮食缺乏挑战下提出的新观念，最早是由美国密苏里大学 William（1971）提出来的。

生态农业是指充分利用物质循环再生的原理，合理安排物质在系统内部的循环利用和重复利用，来代替石油能源或减少石油能源的消耗，以尽可能少的投入，生产更多的产品，是一种高效优质农业。

发展生态农业的主要目的是提高农产品的质和量，满足人们日益增长的需求；使生态环境得到改善，不因农业生产而破坏或恶化环境；增加农民收入。

二、生态农业与现代农业

根据农业发展历程中的经济、社会和科学技术发展水平，农业发展可分为原始农业、传统农业和现代农业。

现代农业是广泛应用现代科学技术为主要标志的农业，主要是相对于传统农业而言。现代农业强调的是高能源投入、高度机械化、高度社会化运作及经济效益最大化，在发展过程中对生态环境产生过不同程度的破坏。

生态农业强调是农业发展对生态环境的保护，现代科技与传统经验结合，现在国内打造生态农业产业园就是从人和自然和谐的角度出发，避免因急功近利导致经济效益与生态效益失衡，最终影响整个效益。

三、生态农业与绿色农业、有机农业

生态农业包括绿色农业和有机农业。

绿色农业是指按照规定有限度地使用化肥、农药、植物保护剂等化学合成物的农业生产方式，产出的是有助于公众健康的无污染产品。

有机农业则不使用任何化肥、农药、饲料添加剂等化学合成物，也不采用转基因工程获得的生物及其产物。

绿色农业是要求有所放宽的生态农业，而有机农业是要求更为严格的生态农业。

第二节　生态农业的主要特征

一、综合性

生态农业强调发挥农业生态系统的整体功能，以大农业为出发点，按“整体、协调、循环、再生”的原则，全面规划，调整和优化农业结构，使农、林、牧、副、渔各业和农村一、二、三产业综合发展，并使各业之间互相支持，相得益彰，提高综合生产能力。

二、多样性

生态农业针对我国地域辽阔，各地自然条件、资源基础、经济与社会发展水平差异较大的情况，充分吸收我国传统农业精华，结合现代科学技术，以多种生态模式、生态工程和丰富多彩

的技术类型装备农业生产，使各区域都能扬长避短，充分发挥地区优势，各产业都根据社会需要与当地实际协调发展。

三、高效性

生态农业通过物质循环和能量多层次综合利用和系列化深加工，实现经济增值，实行废弃物资源化利用，降低农业成本，提高效益，为农村大量剩余劳动力创造农业内部就业机会，保护农民从事农业的积极性。

四、持续性

发展生态农业能够保护和改善生态环境，防治污染，维护生态平衡，提高农产品的安全性，变农业和农村经济的常规发展为持续发展，把环境建设同经济发展紧密结合起来，在最大限度地满足人们对农产品日益增长的需求的同时，提高生态系统的稳定性和持续性，增强农业发展后劲。

第三节　生态平衡与生态环境保护

一、生态平衡

1. 生态平衡的概念

生态平衡是指地球上的所有事物平衡、可持续的发展，包括地球上的所有物种、资源等，但一般指的是人与自然环境的和谐相处生态平衡，见下图。

2. 生态失衡的原因

破坏生态平衡的因素有自然因素和人为因素。自然因素包括水灾、旱灾、地震、台风、山崩、海啸等。由自然因素引起的生态平衡破坏，称为第一环境问题。人为因素是生态平衡失调的主

图　生态平衡

要原因。由人为因素引起的生态平衡破坏，称为第二环境问题。

3. 人为因素导致生态平衡的表现

（1）使环境因素发生改变。人类的生产活动和生活活动产生大量的废气、废水、废物，不断排放到环境中，使环境质量恶化，产生近期或远期效应，使生态平衡失调或破坏。此外，是人类对自然资源不合理的利用，例如，盲目开荒、滥砍森林、草原超载等。

（2）使生物种类发生改变。在生态系统中，盲目增加一个物种，有可能使生态平衡遭受破坏。例如，美国于1929年开凿的韦兰运河，把内陆水系与海洋沟通，导致八目鳗进入内陆水系，使鳟鱼年产量由2 000万 kg 减至5 000kg，严重地破坏了水产资源。在一个生态系统中减少一个物种，也有可能使生态平衡遭受破坏。中国大陆20世纪50年代曾大量捕杀过麻雀，致使一些地区虫害严重。究其原因，就是由于害虫的天敌麻雀被捕杀，害虫失去了自然抑制因素。

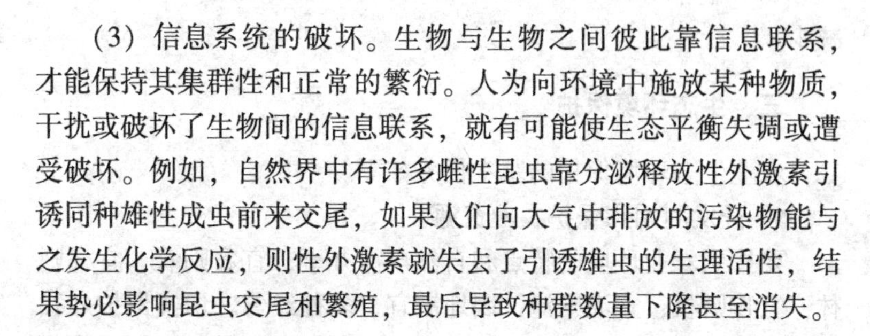

（3）信息系统的破坏。生物与生物之间彼此靠信息联系，才能保持其集群性和正常的繁衍。人为向环境中施放某种物质，干扰或破坏了生物间的信息联系，就有可能使生态平衡失调或遭受破坏。例如，自然界中有许多雌性昆虫靠分泌释放性外激素引诱同种雄性成虫前来交尾，如果人们向大气中排放的污染物能与之发生化学反应，则性外激素就失去了引诱雄虫的生理活性，结果势必影响昆虫交尾和繁殖，最后导致种群数量下降甚至消失。

二、生态环境问题

当前，我国农业生态环境面临着诸多问题，概括来讲主要包括四方面。

1. 水土流失严重，土地荒漠化面积呈扩大趋势

仅黄河流域年流失土壤 8 亿 t；我国有荒漠化土地 262 万 km^2；耕地退化面积占到耕地总面积的 40% 以上；耕地侵占草地、草地超载过牧加剧了草地退化；草地退化、建设占用导致草地减少，生态涵养功能降低，进一步加剧水土流失。

2. 土地污染、耕地质量下降

全国有 330 万 hm^2 耕地受到中、重度污染；年化肥使用量 5 800万 t、农药使用量 180 万 t、农用膜使用量 220 万 t；每年因重金属污染减产粮食 1 000多万 t、受重金属污染粮食 1 200万 t，直接经济损失超过 200 亿元。

3. 水资源紧缺，水污染严重

地下水过度开采使华北平原 20 万 km^2 范围成地球上最大漏斗；黄土高原干旱、半干旱地区缺水少雨，土地干裂、板结；用污染水灌溉农田致土地污染最终使土地更加贫瘠。

4. 自然环境生物多样性减少

村民用潜水泵从河流、池塘、沟渠乱取水或无节制取水，枯水季竭泽而渔，捕鱼捉虾，使水系的水生动植物多样性急剧

减少。

三、生态环境保护

农业生态环境保护的基本任务如下。

1. 开发利用和保护农业资源

要按照农业环境的特点和自然规律办事，宜农则农，宜林则林，宜牧则牧，宜渔则渔，因地制宜，多种经营。切实保护好我国的土地资源，建立基本农田保护区，严禁乱占耕地。加强渔业水域环境的管理，保护我国的渔业资源。建立不同类型的农业保护区，保护名、特、优、新农产品和珍稀濒危农业生物物种资源。

2. 防治农业环境污染

它是指预防和治理工业（含乡镇工业）废水、废气、废渣、粉尘、城镇垃圾和农药、化肥、农膜、植物生长激素等农用化学物质等对农业环境的污染和危害；保障农业环境质量，保护和改善农业环境，促进农业和农村经济发展的重要措施，也是农业现代化建设中的一项任务。

(1) 防治工业污染。

①严格防止新污染的发展：对属于布局不合理，资源、能源浪费大的，对环境污染严重，又无有效的治理措施的项目，应坚决停止建设；新建、扩建、改建项目和技术开发项目（包括小型建设项目)，必须严格执行“三同时”的规定；新安排的大、中型建设项目，必须严格执行环境影响评价制度；所有新建、改建、扩建或转产的乡镇、街道企业，都必须填写“环境影响报告表”，严格执行“三同时”的规定；凡列入国家计划的建设项目，环境保护设施的投资、设备、材料和施工力量必须给予保证，不准留缺口，不得挤掉；坚决杜绝污染转嫁。

②抓紧解决突出的污染问题：当前要重点解决一些位于生活

居住区、水源保护区、基本农田保护区的工厂企业污染问题。一些生产上工艺落后、污染危害大、又不好治理的工厂企业，要根据实际情况有计划地关停并转。要采取既节约能源，又保护环境的技术政策，减轻城市、乡镇大气污染。按照“谁污染，谁治理”的原则，切实负起治理污染的责任；要利用经济杠杆，促进企业治理污染。

（2）积极防治农用化学物质对农业环境的污染。随着农业生产的发展，我国化肥、农药、农用地膜的使用量将会不断增加。必须积极防治农用化学物质对农业环境的污染。鼓励将秸秆过腹还田、多施有机肥、合理施用化肥，在施用化肥时要求农民严格按照标准科学合理地时要求农民严格按照标准科学合理地倡导生物防治和综合防治，严格按照安全使用农药的规程科学，合理施用农药，严禁生产、使用高毒、高残留农药。鼓励回收农用地膜，组织力量研制新型农用地膜，防治农用地膜的污染。

3. 大力开展农业生态工程建设

保护农业生态环境，积极示范和推广生态农业，加强植树造林，封山育林育草生态工程，防治水土流失工程和农村能源工程的建设，通过综合治理，保护和改善农业生态环境。

4. 生物多样性保护

加强保护区的建设，防止物种退化，有步骤、有目标地建设和完善物种保护区工作，加速进行生物物种资源的调查和摸清濒危实情，在此基础上，通过运用先进技术，建立系统档案等，划分濒危的等级和程度，依此采取不同的保护措施，科学地利用物种，禁止猎杀买卖珍稀物种，有计划、有允许地进行采用，不断繁殖，扩大种群数量和基因库，发掘野生种，培育抗逆性强的动植物新品种。

第四节 大力发展生态农业

一、加快绿色农业发展

当前，我国农产品总量问题已得到较好解决，但结构性矛盾仍然突出，表现为一般农产品不缺、优质绿色农产品供给不足。为此，必须用绿色理念发展农业，在投入品使用、产地环境保护、生产方式、支撑体系等方面要有一系列深刻调整；必须增加优质绿色农产品供给，从制度、市场和科技三方面发力。随着农业经营和资源利用方式的转变，未来农业的绿色底色将更亮

2017 年的《政府工作报告》提出，引导农民根据市场需求发展生产，增加优质绿色农产品供给。在笔者看来，绿色是农业的本色，农业供给侧结构性改革的要求很多，但如果优质绿色供给这一条解决不好，就不能算成功。发展绿色农业、增加绿色供给，我们有思路，也有举措。

“绿起来”是农业发展的方向。当前，我国农产品总量问题已得到较好解决，但结构性矛盾仍然突出，表现为一般农产品不缺、优质绿色农产品供给不足。随着人们消费水平的提高，消费者从过去凑合吃，到现在讲营养、求健康。但我国的现实情况却是，农业资源短缺、开发过度，在这样的大背景下，保障优质绿色农产品供给是农业改革的应有之义。

目前，我国绿色农产品发展面临难得机遇。一方面，我国粮食在数量上已经超过粮食安全保障的基本要求，农业生产在从追求数量转向追求质量、从常规生产到绿色生产上有了更从容的空间；另一方面，不管是主动跟着市场走，还是被市场倒逼着走，现在农民由生产低质、低效产品向高效、优质产品转变的主动性越来越强。

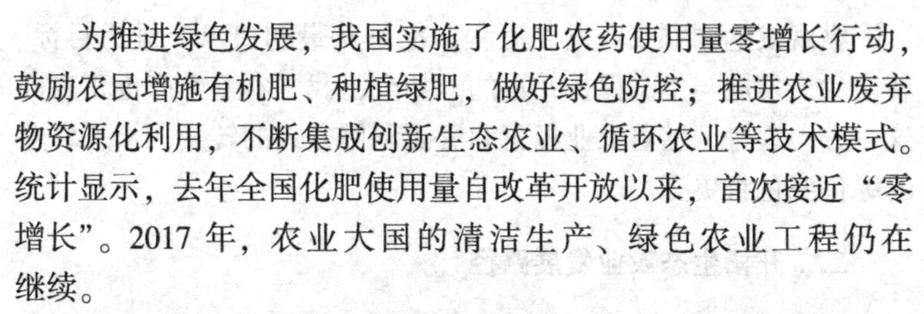

为推进绿色发展，我国实施了化肥农药使用量零增长行动，鼓励农民增施有机肥、种植绿肥，做好绿色防控；推进农业废弃物资源化利用，不断集成创新生态农业、循环农业等技术模式。统计显示，去年全国化肥使用量自改革开放以来，首次接近“零增长”。2017 年，农业大国的清洁生产、绿色农业工程仍在继续。

用绿色理念发展农业，要求在投入品使用、产地环境保护、生产方式、支撑体系等方面要有一系列深刻调整。增加优质绿色农产品供给，迫切要从制度、市场和科技三方面发力。

增加绿色供给要有制度。要建立以绿色生态为导向的农业补贴机制，该退的坚决退下来、超载的果断减下来、该治理的切实治理到位。财政部等部门去年已出台文件，要求增量资金重点向资源节约型、环境友好型农业倾斜，促进农业结构调整。各地也在建立生产者激励机制，鼓励生产者进行地力建设等长期投资；推进农业标准化生产，加快建立质量安全追溯体系。

增加绿色供给要靠市场。优质农产品理应获得优价，但一些农民却陷入优质农产品卖不出好价格的困扰。与增产导向的农业相比，绿色农产品的生产成本更高。要让生产者有发展绿色农产品的积极性，就必须让他们得到足够高的回报。如何为绿色农业定价、让消费者为农业绿色化埋单？一些地方的经验表明，培育品牌、为产品贴上绿色标签是可行路径。

增加绿色供给要靠科技。在农产品短缺时代，农业科技创新的主攻方向是提高单产。而如今，要把绿色化发展作为主攻方向。一些人存在认识误区，往往把质量安全等同于不用化肥、农药。现在我们所追求的绿色农业，本质上是以现代科技为支撑的集约农业。化肥、农药不是洪水猛兽，关键在于科学施肥、合理用药；饲料、兽药不等同于产不出高品质畜产品，关键在于科学饲喂、遵守规范。

纵观发达国家农业发展历程，都是从最初追求产量为目标、转向生产发展与生态保护并重的。如今，我国农业生产也正在向这一方向迈进。随着农业经营和资源利用方式的转变，未来农业的绿色底色将更亮。

二、开拓生态农业发展路径

推进现代生态农业发展，需要把握好以下几个方面。

一是培育经营主体，发挥集聚作用。要坚持以农民为主体，细化社会分工，其重点内容是加快培育新型农业生产主体与骨干经营队伍，注重发挥各类主体的集成优势以及对小规模农户的引领、带动作用，形成有高效生产能力、保证质量能力和应对风险能力的市场经营综合主体。

二是建设家庭农场，搭建运作平台。要引导农村专业大户建立不同生产形式与经营内容的家庭农场。将生产大户与家庭农场作为规模化经营主体，承担着优质农产品生产任务并发挥商品化生产的功能，着力放大小规模农户高效集成生产的示范效应。

三是依靠科技进步，提高生产效率。注重引导经营主体应用先进科技和便捷手段，增加技术设施与资本运作要素投入，着力提高农业生产集约化水平。

四是创新经营机制，促进转型升级。要组建农民专业合作组织和农产品流通协会，发挥其带动散户、组织集成、农企合作、联接市场的功能，着力提升农业生产组织化程度。

五是组建龙头企业，提高经营成效。要做大做强农业龙头企业，让“公司+农户”等复合经营模式在农业产业化链条中充分发挥引导和带动作用，更多地承担农产品加工和市场营销的功能，有效地为广大农户提供产前、产中、产后的各类生产性服务。

六是实现要素集聚，提高综合实力。要建立并发展农业产业

园区，通过营造和发挥集聚功能，使之成为现代农业发展的基地和平台，加快推动传统农业转型升级。

七是发展生态农业，提高产品质量。以家庭农场为基本单元，通过科学规划，实现种养结合，促进循环利用，减少环境污染，保障产品质量。

八是注重科技培训，提升生产水平。要采用不同方式与不同途径，加大不同行业的农民技术培训，接受新的知识与新的技术，使科技转化为现实生产力，提高劳动生产率与土地产出率。

三、推进农业清洁生产技术

随着农业生产水平的提高，化肥、农药等农资大量施用，导致有机肥的施用量也不断减少，给农业环境带来许多负面效应：土壤理化性状失衡，水质恶化，农田大气质量下降、农村环境不断恶化。农业清洁生产是有力遏制农业生态环境恶化并改善农村生态环境的有效途径，是实现农业和农村可持续发展的有力保证。以下介绍几种农业清洁生产的技术。

1. 以沼气技术为纽带的农业清洁生产模式

此模式主要以农业废弃物（特别是畜禽粪便）的资源化利用为导向，通过大型沼气专业化生产，围绕“三沼”（沼气，沼液、沼渣）的综合利用延伸出来的产业生态链体系。沼气可以用以发电，或通过燃烧来取暖供热；沼渣可加工成各种专用有机肥，还可以开发成动植物生长的营养基质；沼液可用来生产各种专用液态有机药肥以供种植业的用，或制成态饲料供养殖业利用。是一种既低碳又环保的农业清洁生产方式。

此模式适用范围广，平原和丘陵山区均能适用，而且能适应北方冬季低温气候。

平均每亩效益 7 000 元，比传统的经营方式效益提高 4~5 倍。能消除畜禽养殖粪便对当地环境的污染，节约资源，使用该有机肥还能改良土壤。要求有一定规模（200 亩左右）的种植业生产基地和 2 000 头左右生猪存栏量养殖规模，农民居住相对集中，以便沼气供热。

2. 以腐生食物链为纽带的生态农业模式

此类模式的基本结构是“养殖业粪便+蚯蚓（蝇蛆）养殖+种植业”。即一般利用畜禽养殖业废弃物（辅以一定的作物秸秆）作为基质养殖蚯蚓，或直接用动物粪便养殖蝇蛆。蚯蚓和蝇蛆均为高蛋白饲料，可以用于养殖和养鱼的营养饵料。同时，养殖蚯蚓和蝇蛆后的剩余残渣是优良的有机肥，可用于大田农作物生产。

此模式需要作物秸秆，适用于有农作物种植的平原地区和丘陵地区，不适用山区。

公司采用牛粪养殖蚯蚓模式，年消解牛粪 1 800 t，生产蚯蚓 25t，有机无机复合肥 1 000 t，扣除成本，可获利 25 万元。养殖场尽量选择远离村庄的地区，周围要有种植农作物的农田，以便提供农作物秸秆。奶牛养殖规模不少于 200 头，农田规模不少于 200 亩。

3. 立体复合种养农业清洁生产模式

立体复合种养是在半人工或人工环境下模拟自然生态系统原理进行生产种植，它巧妙地组成农业生态系统的时空结构，建立立体种植和养殖业的格局，组成各种生物间共生互利的关系，合理利用空间资源，并采用物质和能量多层次转化手段，促使物质循环再生和能量的充分利用，同时，进行生物综合防治，少用农药，避免重金属等有害物质进入生态系统。通过高技术与劳动密集相结合的途径，使农业结构处于最优化状态，最终实现生态效益与经济效益的结合，发挥系统的整体性与功能整合性。具体模式主要包括农牧、农渔、林牧、农牧渔等。生态立体种养最大的特点就是在有限的空间范围内，人为地将不同种的作物及动物

群体有机串联起来，形成一个循环链，最大限度地利用农业废弃物资源，减少污染物排放，降低生产成本，提高经济效益。

此模式适用于丘陵地区，山上可种植果树、茶叶等经济林。

4. 林禽渔复合农业清洁生产模式

此模式的基本结构是“林果业+畜牧业+渔业”。通常是丘陵山区，在山坡地发展林果业或林草业，在林地或果园里建立畜禽养殖场，在山塘中发展水产养殖业，进而形成了“林、果、草生产单元—畜禽养殖单元—水产养殖单元”相互联系的立体生态农业体系。

5. 生态健康养殖农业清洁生产模式

此模式将养殖废弃物生态净化安全回用、实现畜禽粪便原位降解或生态回用的既生态环保又经济卫生的畜禽养殖方式，是农林部门根据省情探索实践出的生态农业新模式。

养殖废弃物生态净化安全回用是在规模化畜禽养殖过程中，实行雨污分流、干湿分离、粪便干物被送往畜禽粪便处理中心统一制作成有机肥，污水通过高效厌氧、好氧、生物滤池、生态湿地和消毒等生态生化处理工艺对养殖场废液进行 COD 削减和脱氮除磷处理，建立尾水冲洗圈舍回用系统，实现规模养殖场污水零排放；对没有采用发酵床养殖的小型畜禽养殖场则采用分散养殖、集中造肥的方式，统一将粪便送往畜禽粪便处理中心统一制作成有机肥，达到减少污染、保护环境的目的。

6. 发酵床养殖畜禽清洁生产模式

发酵床养殖是在经过特殊设计的禽舍里，填入玉米秸秆、锯木屑、米糠和菌种等有机垫料，畜禽生活在这种垫料上，其排泄物被垫料中的微生物迅速降解，免去了冲洗圈舍等清洁程序，从源头上实现了养殖污染的减量化，无害化，资源化，不仅改善了养殖环境，增进了猪健康和畜产品安全，而且不需要额外占用土地来处理猪排泄物，消除了二次污染，达到污染物零排放。

7. 农牧循环清洁生产模式

此模式的基本结构是“畜禽养殖业+种植业”。其基本做法是，将畜禽养殖产生的粪便和种植业产生的农业秸秆混合发酵，发酵后的残渣作为蘑菇培养基，种植蘑菇后的菇渣作为有机肥，种植蔬菜和果树。利用生态拦截的手段，彻底解决因传统厌氧发酵技术带来的二次污染问题，从根本上修复和改善生态环境，形成良好的生态循环，促进种、养殖业的有机结合和发展。该循环模式的建成既解决了养殖场固体废弃物对环境产生的次生污染，又解决了农村因焚烧秸秆带来的环境污染及其他完全隐患问题。

8. 池塘养殖尾水生态净化循环利用清洁生产模式

根据循环经济理论，将养殖塘的进水系统和排水系统完全分开。进水系统采用 PVC 暗管或明渠供水。排水系统采用生态拦截型沟渠，养殖区内养殖池塘排放的养殖尾水排放到尾水净化池进行生态拦截。养殖尾水生态净化池总面积约养殖区占总面积的10%以上。尾水经过尾水净化池内水生植物（包括挺水植物、浮水植物和沉水植物）的净化，检测达标后，抽到养殖池塘循环利用。

9. 农业废弃物循环利用农业清洁生产模式

此模式的核心技术是对废棉、棉籽壳、稻草、树枝及木屑等农业废弃物的三级循环利用。对农业秸秆进行处理，形成草菇生产基质。草菇营养丰富，味道鲜美，价值高，为高温型菇。利用其生长特点，有效利用秸秆中养分，能实现农业秸秆的一级利用。将草菇菌渣经高温高压灭菌处理后，接入姬菇、秀珍菇等菌种，利用草菇菌渣的养分生产二茬菇，实现农业秸秆的二级利用。二茬菇生产后的菌渣通过微生物肥料生产技术开发生产生物菌肥，或生产营养基质用于育苗或作物栽培，实现农业秸秆的三级利用。

10. 农林牧复合农业清洁生产模式

此模式以养殖区的粪污处理为中心，通过沼气工程对畜禽粪污进行性厌氧发酵，产生沼气、沼液和沼渣，沼气用于养殖区、园区食堂、温室大棚等的照明和炊事；沼液一部分流经林间湿地和草地，通过水生植物的多级净化系统，最后到达农田，为林地和农田提供肥料；另一部分直接用于水生饲料、食用菌和花卉肥料；沼渣用作林地、果园、花卉底肥。同时食用菌下脚料和饲草也为畜禽生产提供饲料来源，农作物秸秆和树叶野草为畜禽生产提供了大量的垫草资源和丰富的粗饲料资源，并且草林果还能吸收和吸附养殖区产生的有害气体和尘埃，极大改善示范园区的小气候，有利于园区的观光旅游。

第二章　生态农业与效益经济

第一节　生态畜牧业

一、生态畜牧业概述

1. 生态畜牧业的概念

生态畜牧业是指运用生态系统的生态位原理、食物链原理、物质循环再生原理和物质共生原理，采用系统工程方法，并吸收现代科学技术成就，以发展畜牧业为主，农、林、草系统工程方法，并吸收现代科学技术成就，以发展畜牧业为主，农、林、草、牧、副、渔因地制宜，合理搭配，以实现生态、经济、社会效益统一的畜牧业产业体系、牧、副、渔因地制宜，合理搭配，以实现生态、经济、社会效益统一的畜牧业产业体系，它是技术畜牧业的高级阶段（图 2-1）。

生态畜牧业主要包括生态动物养殖业、生态畜产品加工业和废弃物（粪、尿、加工业产生的污水、污血和毛等）的无污染处理业。

2. 生态畜牧业的特征

（1）生态畜牧业是以畜禽养殖为中心，同时，因地制宜地配置其他相关产业（种植业、林业、无污染处理业等），形成高效、无污染的配套系统工程体系，把资源的开发与生态平衡有机地结合起来。

（2）生态畜牧业系统内的各个环节和要素相互联系、相互

图 2-1　生态畜牧业

制约、相互促进，如果某个环节和要素受到干扰，就会导致整个系统的波动和变化，失去原来的平衡。

（3）生态畜牧业系统内部以“食物链”的形式不断地进行物质循环和能量流动、转化，以保证系统内各个环节上生物群的同化和异化作用的正常进行。

（4）在生态畜牧业中，物质循环和能量循环网络是完善和配套的。通过这个网络，系统的经济值增加，同时，废弃物和污染物不断减少，以实现增加效益与净化环境的统一。

二、生态畜牧业的生产模式

根据规模和与环境的依赖关系，现代生态畜牧业分为综合生态养殖场和规模化生态养殖场两种生产模式。

1. 综合生态养殖场生产模式

该模式主要特点是以畜禽动物养殖为主，辅以相应规模的饲料粮（草）生产基地和畜禽粪便消纳土地，通过清洁生产技术生产优质畜产品。根据饲养动物的种类可分为以猪为主的生态养殖场生产模式，以草食家畜（牛、羊）为主生态养殖场生产模式，以禽为主的生态养殖场生产模式和以其他动物（兔、貂）为主的生态养殖场生产模式技术组成。

（1）无公害饲料基地建设。通过饲料（草）品种选择、土壤基地的建立，土壤培肥技术，有机肥制备和施用技术，平衡施肥技术，高效低残留农药施用等技术配套，实现饲料原料清洁生产目的。主要包括禾谷类、豆科类、牧草类、根茎瓜类、叶菜类、水生饲料。

（2）饲料及饲料清洁生产技术。根据动物营养学，应用先进的饲料配方技术和饲料制备技术，根据不同畜禽种类、长势进行饲料配方，生产全价配合饲料和精料混合料。作物残体（纤维性废弃物营养价值低，或可消化性差，不能直接用作饲料。但是如果将它们进行适当处理，即可大大提高其营养价值和可消化性。目前，秸秆处理方法有机械（压块）、化学（氨化）、生物（微生物发酵）等处理技术。国内应用最广的是青贮和氨化。

（3）养殖及生态环境建设。畜禽养殖过程中利用先进的养殖技术和生态环境建设，达到畜禽生产的优质、无污染，通过禽畜舍干清粪技术和疫病控制技术，使畜禽生长环境优良，无病或少病发生。

（4）固液分离技术。对于水冲洗的规模化畜禽养殖场，其粪尿采用水冲洗方法排放，既污染环境量肥水资源，也不利于养分资源利用。采用固液分离设备首先进行固液分离，固液部分进行高温堆肥，液体部分进行沼气发酵。同时，为减少用水量，提高畜禽粪便处理效果和综合利用水平。

（5）污水资源化利用技术。采用先进的固液分离技术分离出液体部分在非种植季节进行处理达到排放标准后排放或者进行蓄水贮藏，在作物生产季节可以充分利用污水中水肥资源进行农田灌溉。

（6）有机肥和有机无机复混肥制备技术。采用先进的固液

分离技术、固体部分利用高温堆肥技术和设备，生产优质有机肥和商品化有机无机复混肥。

(7) 沼气发酵技术。利用畜禽粪污进行沼气和沼气肥生产，合理地循环利用物质和能量，解决燃料、肥料、饲料矛盾，改善和保护生态环境，促进农业全面、持续、良性发展，促进农民增产增收。

2. 规模化生态养殖场生产模式

该模式主要特点是以大规模畜禽动物养殖为主，但缺乏相应规模的饲料粮（草）生产基地和畜禽粪便消纳土地场所，因此，需要通过一系列生产技术措施和环境工程技术进行环境治理，最终生产优质畜产品。根据饲养动物的种类可以分为规模化养猪场生产模式、规模化养牛场生产模式、规模化养鸡场生产模式。技术组成如下。

(1) 饲料及饲料清洁生产技术。根据动物营养学，应用先进的饲料配方技术和饲料制备技术，根据不同畜禽种类、长势进行饲料配方，生产全价配合饲料和精料混合料。作物残体（纤维性废弃物）营养价值低，或可消化性差，不能直接用作饲料。但如果将它们进行适当处理，即可大大提高其营养价值和可消化性。目前，秸秆处理方法有机械（压块）、化学（氨化）、生物（微生物发酵）等处理技术。国内应用最广的是青贮和氨化。

(2) 养殖及生态环境建设。生态生产的内涵就是过程控制，畜禽养殖过程中利用先进的养殖技术和生态环境建设，达到禽畜生产的优质、无污染，通过禽畜舍干清粪技术和疫病控制技术，使畜禽生长环境优良，无病或少病发生。

(3) 固液分离技术。对于水冲洗的规模化畜禽养殖场，其粪尿采用水冲洗方法排放，既污染环境量肥水资源，也不利于养分资源利用。采用固液分离设备首先进行固液分离，固体部分进行高温堆肥，液体部分进行沼气发酵。同时，为减少用水量，尽

可能采用干清粪技术。

(4) 污水处理与综合利用技术。采用先进的固液分离技术、液体部分利用污水处理技术如氧化塘、湿地、沼气发酵以及其他好氧和厌氧处理技术在非种植季节进行处理达到排放标准后排放。在作物生长季节可以充分利用污水中水肥资源进行农田灌溉。

(5) 畜牧业粪便无害化高温堆肥技术。采用先进的固液分离技术、固体部分利用高温堆肥技术和设备，生产优质有机肥和商品化有机无机复混肥。

(6) 沼气发酵技术。沼气发酵是生物质能转化最重要的技术之一，它不仅能有效处理有机废物，降低化学需氧量，还有杀灭致病菌，减少蚊蝇滋生的功能。此外，沼气发酵作为废物处理的手段，不仅能耗省，还能产生优质的燃料沼气和肥料。

【典型案例】向生态养殖要效益

在江苏省东海县农业资源综合开发项目区生态养殖场内，运输有机肥的槽罐车进进出出，不少蔬菜、葡萄、苗木等农民专业合作社社员们都在购买用猪粪加工而成的生物有机肥。“这些发酵好的猪粪可是好东西。现在很多果树正处于休眠期，少了这些天然肥料，水果品质会差很多。”东海县农业资源综合开发项目区中华寿桃种植大户郇姜艳说。

走进东海县农业资源综合开发项目区生态养殖场，仿佛置身于一个森林公园。在养殖场内，一排排蓝瓦猪舍错落有致地分布在郁郁葱葱的果树林中。作为一个拥有繁殖母猪 6 万头、常年生猪存栏 7 万头以上、年出栏生猪 30 万余头的养殖场，由于采用了“猪—沼—果”一体化、生物能源开发利用和种植业有机结合的生态养殖模式，整个养猪场实现了零排放、零污染，在实现生态效益的同时取得了很好的经济效益。

步入养殖场育肥区，笔者看到，大大小小多种形式的处理池有序地建在猪舍的一角。“你看，经过干湿分离后的污水首先进入尘沙集水池，帮助减少污水中的沙、石、土、牧草等，随后流入水解酸化池，酸化清除污水上的浮渣后流入厌氧消化池。”东海县农业资源开发局分管宣传工作的副局长王宇靖一边示意仔细看看这里的门道，一边补充道，1 万 m^3 厌氧消化池产生的沼气，通过脱硫、脱水净化后贮于沼气贮气柜，利用输气管道可供周边居民烧饭、烧水，既节省了能源，又解决了养殖场的排污问题。养殖场还购置了 400kW 的沼气发电机组，利用沼气发电带动猪舍内冷风机的运行。据测算，养猪场仅利用沼气一项，每年可节约成本 200 万~300 万元。

“发酵产生沼气的过程中会生成富氧化沼液，如果直接排放，也会造成污染。”王宇靖介绍说，沼液是良好的叶面肥，于是他们将沼液收集起来，返施于梨园和牧草种植基地，这样既减少了污染，又省下了梨园和牧草的肥料成本。据介绍，牧草是母猪必不可少的纤维来源，牧草吃得多，有利于增加母猪的产仔数量。

但猪尿和污水的沼气化利用并没有完全解决养殖场的污染问题。“一年出栏一万多头猪，猪粪要排出 1 万 t。如果不想办法，污染会很严重。”王宇靖说，为解决这个问题，3 年前，东海县农业资源开发局在养殖场投资上百万元农业资源综合开发项目资金，引进生物有机肥加工设备，猪粪经过设备加工高温发酵后，不但没有了原先的臭味，而且能直接用于茶叶、大棚蔬菜以及其他农作物的种植施肥。

据了解，4t 猪粪能加工成一吨生物有机肥，这个养殖场每天产生 200t 猪粪，一年共有 8 万 t 有机肥产生，1t 卖 600 元。在加工有机肥时，还加入菌菇种植产生的下脚料，增加猪粪有机肥的膨松度。目前，生物有机肥非常好销，供不应求。

“每年养殖场都将 1/3 的资金用于生态环保设施建设。”王宇靖说，企业要生存，保护环境是最重要的，只有在好环境下，才养得出好猪。

（来源：中国畜牧兽医报 2017-03-06）

第二节　生态种植业

近几年来，在土地上大量使用化肥与农药，不但污染了土地和水源，使野生动植物也不断减少，而且还污染了农产品，同时，造成一些农产品日益退化，质量下降，色香味越来越差。在这种形势下，一种新的种植方式即“生态种植”便应运而生。

一、生态种植业概述

1. 农业地域类型

在延续传统种植业，轮作复种、套种的基础上，全国建立的复合种植生态模式包含了山地、低丘、缓坡、旱地、水田、园地、庭院及江、河、湖、海等所有可能利用的区域资源。主要农业地域类型如下。

（1）河谷农业。河谷农业主要分布在青藏高原地区，以青海的黄河谷地、湟水谷地和西藏的雅鲁藏布江谷地最典型。青藏高原气候高寒，只有河谷地带由于地势较低，气温较高，无霜期长，降水条件较好，河谷之间的山岭一般都有森林，使谷地土壤的腐殖质较丰富，土壤比较肥沃，热量不易散失，又有河水作为灌溉水源，是山区适宜耕作的地区，河谷地带的农业发达，因此，适宜耕作，成为农业发达地带，被称为河谷农业（图 2-2）。

（2）灌溉农业。灌溉农业是在干旱半干旱地区，因为降水较少，主要依靠地下水、河流水等水源发展的农业，在我国主要分布在西北地区的河套平原，宁夏平原和河西走廊，主要农作物

图 2-2　河谷农业

为春小麦。河套平原和宁夏平原引黄河水，有“塞外江南”之称。河西走廊依靠山地降水和高山冰雪融水。灌溉农业通过各种水利灌溉设施，满足农作物对水分的需要以实现稳产高产，有时还可以培育肥力和冲洗盐碱。因此，灌溉农业是一种能提高土地生产能力、能排能灌、稳产高产的农业（图 2-3）。

（3）基塘农业。基塘农业是珠江三角洲人民根据当地的自然条件特点，创造的一种独特的农业生产方式。它是把低洼的地方挖深为塘，饲养淡水鱼；将泥土堆砌在鱼塘四周筑成塘基，在塘基上栽果树、桑树、甘蔗，这种生产结构称为“果基鱼塘”“桑基鱼塘”“蔗基鱼塘”。这种生产方式使农业各环节互相依存、互相促进，形成良性循环。基塘互相促进，以桑基鱼塘最典型。

（4）立体农业。立体农业又称层状农业。着重于开发利用垂直空间资源的一种农业形式。立体农业的模式是以立体农业定义为出发点，合理利用自然资源、生物资源和人类生产技能，实现由物种、层次、能量循环、物质转化和技术等要素组成的立体

图 2-3　灌溉农业

模式的优化（图 2-4）。

图 2-4　立体农业

2. 生态种植业的结构

生态种植业是将现代科学技术应用于传统的间、混、套、带复种，以形成多种作物、多层次、多时序的立体种植结构，这种群体结构能动地扩大对时间、空间、自然资源和社会经济条件的利用率，能产出更多的第一性农产品，从而促进养殖业和农副产品加工业发展，提高农业综合生产能力。立体农业的根本在于：利用立体空间或三维空间进行多物种共存、多层次配置、多级物质能量循环利用的立体种植、立体养殖和立体种养的一种农业经营方式。

二、平原立体农业

1. 立体生态农业的技术及经营绩效

立体生态农业的技术精华在于继承了中国传统精耕细作的优良传统，既充分利用光、热、水等资源，提高资源利用效率，又产生一种良好的生物共生的生态环境，使近期效益和持久效益获得了很好的统一。

2. 平原立体农业

(1) 旱地立体农业的模式及技术效果。随着生态农业试点、示范面积的不断扩大，依靠科技不断提高生态农业建设的水平和档次，立体农业有了新的发展和提高，涌现出许多粮粮、粮棉、粮油、粮菜、菜菜、林粮、林菜等相结合的模式。

①棉田立体农业模式：主要技术原理及经营效益。在棉花生长前期（即自播种至开花）2~3 个月时间，利用棉花未封行前的行间套种一季生长期较短的茄、果及花生、玉米、大蒜等作物，加上冬季蚕豆与蔬菜间作形成复合种植，提高利用效率及综合效益。

②草莓——春玉米——夏玉米三熟二套的立体种植模式：该模式适应结构调整发展需要，实行三熟二套，生态效益、经济效

益、社会效益显著。春玉米秸秆可用作青贮饲料，发展养殖业；动物粪便经处理还田，实现物质及资源能量多级循环利用，结构优化，粮、果、蔬、饲兼顾，高矮秆作物时空交错、立体风光。不仅提高土地资源利用率，还通过周年生产充分利用温、光、水等气候资源，减少浪费。

（2）稻田养殖立体模式、技术及经营绩效。高标准稻田养殖是一项综合性生态农业技术，充分利用光、热、水、土资源，以“稻——鱼——蟹”和“稻——鱼——虾”2种模式为主，通过人为科学配置“时空”差，采用人工的方法创造稻、鱼、蟹等共生的良好生态系统，在操作上采取统一规划、合理布局，达到理想的生态经济效益。

三、庭院经济型立体农业的模式

平原立体农业又可分为田地型和庭院型。庭院经济型立体农业是利用住宅的房前屋后、房顶阳台、院落内外的空场隙地及闲置房屋，剩余的劳力资源，尤其是辅助劳力，从事庭院种植业、养殖业和加工业等为内容的生产经营活动。据初步调查统计，全国村镇占地为土地总面积的15%，其中，可利用部分占5%，庭院立体农业规模小、投资少，能充分利用空间、劳力进行集约生产，经济效益和商品率都较高，庭院生态系统可利用的物种非常多，其中，有食用菌、水果、蔬菜、花卉、畜禽、鱼类等，庭院经济型立体农业已成为繁荣城乡市场，振兴农村经济，加速农民致富，丰富城乡居民业余生活的一条重要途径。

庭院经济型立体农业，按照环境条件及种养习惯的不同可分为：以蔬菜为主的庭院型立体种植模式、以果树为主的庭院型立体农业模式、以食用菌为主的庭院型立体农业模式、以畜禽养殖为主的立体农业模式、庭院水体混养模式和庭院立体设施（沼气、生态建筑、多层种养）模式等。

庭院立体农业充分利用房前屋后、院子的空闲地，利用光、热等，通过科学设计，建立庭院立体设施（沼气、生态建筑、多层种养）模式，充分利用了各种资源。非常典型的模式如下。

1. 以葡萄、果树等为主的立体种植型庭院经济

葡萄具有生长快、结果早、产量高、占地少，管理方便等特点，同样，果树也具有经济价值高、占地少等优点，很适合于庭院栽种。

2. 庭院鸡、猪、沼气、鱼农作物多级循环型

该模式采用鸡粪喂猪、猪粪进沼气池，沼液喂鱼和塘泥沼渣肥种植农作物的食物链形式，形成物质和能量的多级利用和良性循环生态农业体系，既降低成本，又减少污染，增产效益、效果十分明显。

3. 庭院花木立体种植

随着城乡居民物质生活水平的不断提高，人们对精神文化生活提出了更高、更新的要求，其中，观赏和培植花木、花卉已成为一种时尚，城市、乡镇消费量日益增加。前景非常可观。利用庭院的空闲地种植各类花木，不但美化环境，提高土地利用率，且具有可观的经济、生态效益。

4. 生态住宅

生态住宅以沼气为纽带，将建筑物与种植业、养殖业、能源、环保、生态有机结合并通盘考虑，实现了创新设置。生态住宅基本结构主要由地下、底层、楼层、屋顶四部分组成。这种住房冬暖夏凉“三废”在内部自行消化，既充分利用资源，又改善了环境，实现经济效益、生态效益和社会效益的统一（图 2-5）。

【典型案例】鱼菜共生养殖模式

水下养鱼，水上种菜，带有鱼粪的有机水再输送给水培草莓，保证其生长养分所需，整个循环种养过程不施任何农药和化肥。48 岁的胶州洋河镇河西李村村民薛增军从去年年初开始，

图 2-5　生态住宅

就尝试研究这种“鱼菜共生”微生态循环养殖模式，目前初步获得成功。此举不但节约成本，还能让鱼、菜安全品质得到保障。

1.“鱼菜共生”模式初获成功

近日，在胶州洋河镇河西李村村民薛增军所建果蔬种植基地里，只见一个大棚内，一排排 PVC 塑料管被立体悬挂起来，一大片栽植在中空管道里的水培草莓已经成熟，草莓种植区旁边是一个足有 50m 长的养鱼池，鱼池里还养着不少小红鲤鱼，苦菜、生菜、韭菜、芹菜、油麦菜等一些无土栽培蔬菜通过覆盖在水面塑料板被直接种植在水中。

薛增军告诉记者，这种模式就是“鱼菜共生”种养系统，其顺序是，首先将水注入一个大深水池沉淀，之后水被导入养鱼池内，再用水泵将含有鱼粪的有机水输送到水培草莓管道中，草莓将水中粪便等有机物分解并转化为可吸收的营养，并制造氧气，最后清洁含氧的水又回到养鱼池，供鱼儿生长。其次，借助

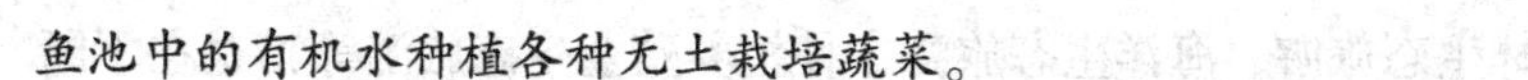

鱼池中的有机水种植各种无土栽培蔬菜。

“在南方一些蔬菜合作社，人家也已开始琢磨这种生态循环种养模式，这不从去年年初开始，俺就先后咨询了很多农业专家，前后花了一年多时间，这才初步获得成功。”薛增军说。

2. 节约成本鱼菜品质有保障

“这种种养模式下，不会施任何农药和化肥，只是根据需要会添加少量植物生长营养剂。这一生态循环种养模式还有非常多的好处。”薛增军说，“鱼菜共生”模式好处在于，首先，它把水产养殖与蔬菜栽培这两种完全不同的农耕技术，通过巧妙生态循环设计实现协调共生。其次，每亩（1 亩≈667m^2。全书同）地不但节约 2 000~3 000 元成本，其鱼、菜安全品质也将得到保障。

另外，在场地利用率上，也可达到普通农田 10 倍以上。按照一平方米农田计算，最多能种植 7~8 株草莓，而在这个立体管架上则能种植 60 多株。

3. 扩大微生态循环养殖规模

“当地农业部门对俺很支持，俺现在已经建起了农产品检测实验室、立体栽培试验区、无公害种植试验区，虽然这套‘鱼菜共生’新模式刚获得成功，但从效果上来说还是非常不错的，所以，还要再扩种 3 个大棚。”薛增军表示。

从胶州洋河镇农业部门获悉，“鱼菜共生”高效种养技术让动物、植物和微生物三者之间达到一种和谐生态平衡关系，是可持续循环型零排放低碳生产模式，也更是解决农业生态危机最有效的方法。

（来源：中国农业网，2017-2-28）

第三节 农业生态旅游

近年来，生态旅游蔚然成风，农业生态旅游（其中包括：森林生态旅游、海洋生态旅游、种植养殖业生态旅游等）也在不断兴起。

一、农业生态旅游概述

1. 什么是生态旅游

“生态旅游”这个概念出现的时间并不长，它是出于对资源与环境的追求和保护而提出的。

对生态旅游的理解应包括以下几个方面：一是人们为逃离喧嚣紧张的工作环境，“重返大自然”的一种行动；二是对自然生态系统的保护，对游客行为和数量的控制，同时，也履行着环境教育功能。生态旅游开始仅局限在对原始森林、纯自然景观或自然保护区等的旅游，现在逐渐扩展到半人工半自然的生态系统范围内。

农业生态旅游是以农村自然环境、农业资源、田园景观、农业生产内容和乡土文化为基础，通过整体规划布局和工艺设计，加上一系列配套服务，为人们提供观光、旅游、休养、增长知识、了解和体验乡村民俗生活，趣味郊游活动以及参与传统项目、观赏特色动植物和自娱等融为一体的一种旅游活动形式。农业生态旅游使人们在领略锦绣田园风光和清新乡土气息中更贴近自然和农村，增强保护农业生态环境、提高农产品品质的意识，还能促进城乡信息交流和农产品流通，促进农业生产发展和农村生活环境的改善。农业生态旅游是旅游业与农业的有机结合。

2. 生态旅游的特点

农业生态旅游具有可实践性和体验性。与其他旅游形式不同，农业生态旅游可通过直接品尝农产品（蔬菜瓜果、畜禽蛋奶、水产等）或直接参与农业生产与生活实践活动（耕地、播种、采摘、垂钓、烧烤等），从中体验农民的生产劳动和农家生活，并获得相关的农业生产知识和乐趣。

农业旅游资源具有地域多样性和时间动态性。由于生态环境条件和文化传统的差异，不同的区域具有不同的农业生产习惯和土地利用方式；而且农业利用模式也会发生季节变化，农业生产的这种时空变化也会形成相应的农业生态——文化景观。

农业旅游资源还具有一定的可塑性。自然景观和历史古迹一般具有不可移动性和不可更改性，而农业生产在不违背客观规律的前提下，可根据一定的目的对生产要素（如农业物种和关键技术等）进行优化选择、组装配套与集成，而形成有特色的农业生态系统模式。

3. 农业生态旅游的形式

（1）观光型农业生态旅游。这种旅游形式以“动眼”即以看为主，具体形式包括参观一些具有特色的农业生产景观与经营模式（包括传统的农业生产方式和现代的高科技农业等）或参观乡村民居建筑，或了解当地风土人情及传统文化等。这种旅游活动所需的时间一般较短（图 2-6）。

（2）品尝型农业生态旅游。这种旅游形式以“动口”为主，即以尝鲜为主要目的。近年来，这种形式日益受到青睐，如有的旅游点让游客亲自到果园或瓜地采摘瓜果，尽情品尝；有的旅游点（如水库、湖泊等旅游地）为游客提供垂钓服务，并可就地加工，让游客品尝自己的劳动成果，并可起到陶冶情操、修身养性等作用；有的旅游地为游客提供烧烤野炊场所；有的为游客提供特色风味菜肴和餐饮等（图 2-7）。

（3）休闲体验型农业生态旅游。这种旅游形式以“动手”为主，通过实践可学习到一定的农业生产知识，体验农村生活，从中获得乐趣。这种类型形式多样，如游客可参加各种各样的农耕活动学习农作物的种植技术、动物饲养技术、农产品加工技术以及农业经营管理等，或学习农家的特色烹饪技术等（图 2-8）。

（4）综合型农业生态旅游。这种旅游形式以“动眼、动耳、

图 2-6　观光型农业生态旅游

图 2-7　品尝型农业生态旅游

动口、动手、动脑”为主，以达到全身心投入之目的。旅游者通过这种形式可充分扮演农民的角色，体验“干农家活、吃农家饭、住农家屋、享农家乐”的乐趣，以获得全身心的愉悦。这种

图 2-8　休闲体验型农业生态旅游

旅游需要的时间一般较长。

二、生态旅游的经济效益

优美健康的农业生态环境和运行良好的农业生态系统是农业生态旅游的必然要求。因此，开展农业生态旅游有助于提高人们的生态环境意识，有利于农业生态环境的保护，这是符合可持续发展思想的要求，也是顺应当今发展潮流的。

同时，农业生态旅游一般将农业生产与旅游活动有机结合在一起，可获得多重经济效益。即使在不利的条件下，两者在经济效益上也可相互补充。例如，由于气候条件的不确定性（如自然灾害等）和市场的不稳定性，常会使农业减产、失收、减效，因此，可通过农业旅游来降低农业的风险。另外，在旅游淡季，农业生产又可弥补收入的下降。因此，相对单纯的农业生产或单纯的旅游而言，农业生态旅游具有高效益、低风险的优势。

【典型案例】发展乡村旅游带动村民致富

近年来，临潭县依托丰富的旅游资源，将旅游工作始终坚持把旅游业作为全县国民经济的支柱产业来抓，全力实施“旅游带县”战略，打造“山水冶力关、生态大观园”旅游品牌。按照“依托资源、开拓市场、突出特色、扩大宣传、打牢基础、培植龙头”的科学发展思路，坚持内抓建设，外抓宣传，努力实现“一年迈大步，三年大发展、五年建成支柱产业”的总体目标，科学规划、合理布局，突出特色、打造精品，全县旅游业发展取得了长足发展和显著成效。

随着旅游业的发展，促进了农村劳动力的转移，拓展了农民增收渠道，同时还带动了养殖、种植业的发展。以农家乐为代表的乡村旅游业蓬勃发展，走在了全省前列。

截至目前，全县有农家乐500多户，冶海马队、庙花山马队有马匹100多只。旅游业已成为推动全县经济社会发展，带动群众致富，增加就业，拉动内需的新兴支柱产业和经济增长点。

清新的空气，蔚蓝的天空，绿油油的草地，静静流淌的河水，徽式的建筑，冶力关镇池沟村的田园美景像一幅画，像一首诗，像一首歌，耐人寻味，它也被国家旅游局评定为“中国乡村旅游模范村”。王小平家就在池沟村，这个村子也是去往冶海的必经之路，他已经在村子里开了好几年农家乐，成为村里开办农家乐的“领头羊”，他见证了这几年冶力关旅游的发展，也见证了在旅游的带动下村子翻天覆地的变化。用他的话说，我们住的是4A级旅游景区，喝的是天然矿泉水，赚的是全国游客的钱。

编制规划是建设的蓝图，是确保实现旅游业大发展的前提和基础。临潭县围绕“食宿行、游购娱”六要素，不断加大投入，逐步完善景区旅游基础设施和服务设施条件。先后编制完成了《临潭县旅游产业发展总体规划》《临潭县高原特色旅游业发展专项规划》《临潭县农家乐发展规划》《冶木峡生态旅游景区详细建设规划》等14个规划。完成了冶力关亲昵沟、池沟、庙沟、葸家庄、庙花山、森林公园地形测绘。

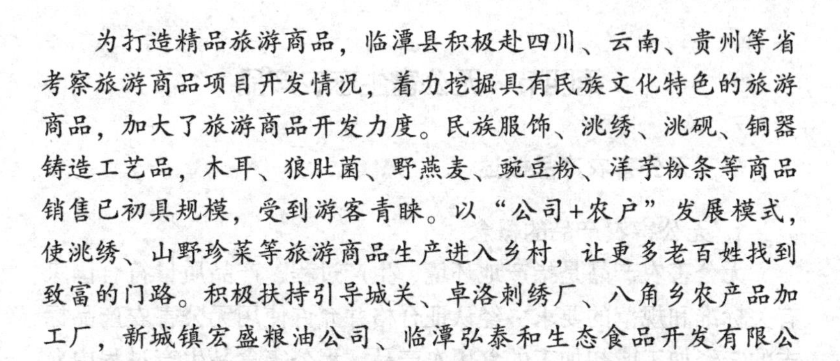

为打造精品旅游商品，临潭县积极赴四川、云南、贵州等省考察旅游商品项目开发情况，着力挖掘具有民族文化特色的旅游商品，加大了旅游商品开发力度。民族服饰、洮绣、洮砚、铜器铸造工艺品，木耳、狼肚菌、野燕麦、豌豆粉、洋芋粉条等商品销售已初具规模，受到游客青睐。以“公司+农户”发展模式，使洮绣、山野珍菜等旅游商品生产进入乡村，让更多老百姓找到致富的门路。积极扶持引导城关、卓洛刺绣厂、八角乡农产品加工厂，新城镇宏盛粮油公司、临潭弘泰和生态食品开发有限公司、高原特色旅游商品公司等企业拓展业务，开发新产品。

近年来，临潭县旅游各项投入逐年增加，基础设施日趋完善，接待服务能力显著增强，全县旅游业逐步进入了“大投入、大发展”的新阶段，初步形成了以冶力关自然景观为核心的旅游发展格局。先后完成了70多个旅游项目，累计完成投资12亿元，实施了冶力关文化广场及游客中心改扩建，南北滨河路、冶木河道治理及景观工程、关街农家乐休闲一条街、冶力关综合体育活动场馆、森林公园自然遗产保护项目、洮州卫城文化生态旅游设施建设项目、冶力关特色旅游小城镇“五化工程”、莲家庄生态保护暨农家乐改造项目等一大批重点旅游项目。临潭县被国家体育总局授予“全国拔河之乡”“全国青少年拔河训练基地”“全国体育工作先进单位”等荣誉称号；同时，还被省委、省政府确定为全省旅游示范县、全省旅游重点县，冶力关景区先后荣获“中国优秀旅游景区”“中国十大文化生态旅游目的地”“中国最具国际影响力旅游目的地”等荣誉称号。

如今，临潭县旅游业已经迎来了新的春天，前来临潭旅游的人们流连忘返，见证着临潭旅游业日新月异的变化，这一朝阳产业驶入了发展的“快车道”。

（来源：中国新闻网 2016-12-08）

第四节 无公害生态农产品

一、无公害农产品概述

1. 无公害农产品的概念

无公害农产品是指产地环境、生产过程、产品质量符合国家有关标准和规范的要求，经认证合格并允许使用无公害农产品标志的未经加工或初加工的食用农产品。无公害食品生产过程中允许限量、限品种、限时间地使用人工合成的安全的化学农药、兽药、渔药、肥料、饲料添加剂等。

无公害农产品应定位于保障基本安全，满足大众消费。生产无公害农产品要求产地环境符合相应无公害农产品产地环境的标准要求，是推荐性的；产品符合无公害农产品安全要求，是强制性的；并按照《无公害农产品生产的技术规程》管理和生产农产品。

无公害农产品认证的办理机构为农业部农产品质量安全中心，负责组织实施无公害农产品认证工作。无公害农产品认证是政府行为，认证不收费。

根据《无公害农产品管理办法》（农业部、国家质检总局第十二号令），无公害农产品认证分为产地认定和产品认证，产地认定由省级农业行政主管部门组织实施，产品认证由农业部农产品质量安全中心组织实施，获得无公害农产品产地认定证书的产品方可申请产品认证。

2. 无公害农产品的特征

无公害农产品具有安全性、优质性、高附加值 3 个明显特征。

(1) 安全性。无公害农产品严格参照国家标准，执行省级

地方标准。具体有3个保证体系。

①生产全过程监控：产前、产中、产后3个生产环节严格把关，发现问题及时处理、纠正，直至取消无公害食品标志。实行综合检测，保证各项指标符合标准，如粮食有20个项目22项指标，蔬菜有19个项目21项指标。

②实行归口专项管理：根据规定，省级农业行政主管部门的农业环境监测机构，对无公害农产品基地环境质量进行监测和评价。

③实行抽查、复查和标志有效期制度。

(2) 优质性。由于无公害农产品（食品）在初级生产阶段严格控制化肥、农药用量，禁用高毒、高残留农药，建议施用生物肥药和具有环保认证标志的农药及有机肥，严格控制农用水质。因此，所生产的食品无异味，口感好，色泽鲜艳；无毒、有害添加成分。

(3) 高附加值。无公害农产品（食品）是由省级农业环境监测机构认定的标志产品，在省内具有较大影响力，一般价格较同类产品高。

3. 无公害农产品施用农药的规定

为从源头上解决农产品尤其是蔬菜、水果、茶叶的农药残留超标问题，无公害农产品的生产不得使用国家明令禁止使用的农药：六六六（HCH）、滴滴涕（DDT）、毒杀芬（strobane）、二溴氯丙烷（dibromochloropane）、杀虫脒（chlordimeform）、二溴乙烷，除草醚（nitrofen）、艾氏剂（aldrin）、狄氏剂（dieldrin）、汞制剂（mercurial）、砷（arsenic）、铅（lead）类、敌枯双、氟乙酰胺（fluoroacetamide）、甘氟（gliftor）、毒鼠强（tetramine）、氟乙酸钠（sodiumfluoroacetate）、毒鼠硅（silatrane）等。

在蔬菜、果树、茶叶、中草药材上不得使用或限制使用以下农药：甲胺磷（methamidophos）、甲基对硫磷（parathion-methyl)、对硫磷（parathion）、久效磷（monocrotophos）、磷胺（phosphamidon）、甲拌磷（phorate）、甲基异柳磷（isofenphos-methyl）、特丁硫（terbufos）、甲基硫环磷（phosfolan-methyl）、治螟磷（sulfotepp）、内吸磷（demeton）、克百威（carbofuran）、涕灭威（aldicarb）、灭线磷（ethoprophos）、环硫磷（phosfolan）、蝇毒磷（coumaphos）、地虫硫膦（fonofos）、氯唑磷（isazofos）、克线磷（fenamiphos），三氯杀螨醇（dicofol）、氰戊菊酯（fenvalerate）不得用于茶树上。

《中华人民共和国农业行业标准》对各类无公害农产品中禁用农药的品种作了详细的规定如下，各种农药在农产品中的最高允许残留量，可参见具体的无公害农业行业标准。

（1）无公害蔬菜韭菜禁用农药品种。甲拌磷（3911）、治螟磷（苏化203）、对硫磷（1606）、甲基对硫磷（甲基1606）、内吸磷（1059）、杀螟威、久效磷、磷胺、甲胺磷、异丙磷、三硫磷、氧化乐果、磷化锌、磷化铝、甲基硫环磷、甲基异柳磷、氰化物、克百威、氟乙酰胺、砒霜、杀虫脒、西力生、赛力散、溃疡净、氯化苦、五氯酚、二溴氯丙烷、401、六六六、滴滴涕、氯丹等。

（2）无公害蔬菜白菜禁用农药品种。甲拌磷（3911）、治螟磷（苏化203）、对硫磷（1605）、甲基对硫磷（甲基1605），内吸磷（1059）、杀螟威、久效磷、磷胺、甲胺磷、异丙磷、三硫磷、氧化乐果、磷化锌、磷化铝、甲基硫环磷、甲基异柳磷、氰化物、克百威、氟乙酰胺、砒霜、杀虫脒、西力生、赛力散、溃疡净、氯化苦、五氯酚、二溴氯丙烷、401、六六六、滴滴涕、氯丹等。

（3）无公害蔬菜茄果类（番茄、茄子、青椒）禁用农药品种。杀虫脒、氰化物、磷化铅、六六六、滴滴涕、氯丹、甲胺磷、甲拌磷（3911）、对硫磷（1605）、甲基对硫磷（甲基

1605）、内吸磷（1059）、治螟磷（苏化203）、杀螟磷、磷胺、异丙磷、三硫磷、氧化乐果、磷化锌、克百威、水胺硫磷、久效磷、三氯杀螨醇、涕灭威、灭多威、氟乙酰胺、有机汞制剂、砷制剂、西力生、赛力散、溃疡净、五氯酚钠等。

（4）无公害蔬菜甘蓝类。（结球甘蓝、花椰菜、青花菜）禁用农药品种甲拌磷（3911）、治螟磷（苏化203）、对硫磷（1605）、甲基对硫磷（甲基1605）、内吸磷（1059）、杀螟威、久效磷、磷胺、甲胺磷、异丙磷、三硫磷、氧化乐果、磷化锌、磷化铝、甲基硫环磷、甲基异柳磷、氰化物、克百威、氟乙酰胺、砒霜、杀虫脒、西力生、赛力散、溃疡净、氯化苦、五氯酚、二溴氯丙烷、401、六六六、滴滴涕、氯丹等。

（5）无公害蔬菜黄瓜禁用农药品种。甲胺磷、甲基对硫磷、对硫磷、久效磷、磷胺、甲拌磷、甲基异柳磷、特丁硫磷、甲基硫环磷、治螟磷、内吸磷、克百威、涕灭威、灭线磷、硫环磷、蝇毒磷、地虫硫磷、氯唑磷、克线磷等。

（6）无公害蔬菜菠菜禁用农药品种。甲胺磷、甲基对硫磷、对硫磷、久效磷、磷胺、甲拌磷、甲基异柳磷、特丁硫磷、甲基硫环磷、治螟磷、内吸磷、克百威、涕灭威、灭线磷、硫环磷、蝇毒磷、地虫硫磷、氯唑磷、克线磷、六六六、滴滴涕、毒杀芬、二溴氯丙烷、杀虫脒、二溴乙烷、除草醚、艾氏剂、狄氏剂、汞制剂、砷、铅类、敌枯双、氟乙酰胺、甘氟、毒鼠强、氟乙酸钠等。

（7）无公害蔬菜胡萝卜禁用农药品种。甲胺磷、甲基对硫磷、对硫磷、久效磷、磷胺、甲拌磷、甲基异柳磷、特丁硫磷、甲基硫环磷、治螟磷、内吸磷、克百威、涕灭威、灭线磷、硫环磷、蝇毒磷、地虫硫磷、氯唑磷、克线磷、六六六、滴滴涕、毒杀芬、二溴氯丙烷、杀虫脒、二溴乙烷、除草醚、艾氏剂、狄氏剂、汞制剂、含砷或铅类药、敌枯双、氟乙酰胺、甘氟、毒鼠强、氟乙酸钠、毒鼠硅等。

(8) 无公害蔬菜芹菜禁用农药品种。甲胺磷、甲基对硫磷、对硫磷、久效磷、磷胺、甲拌磷、甲基异柳磷、特丁硫磷、甲基硫环磷、治螟磷、内吸磷、克百威、涕灭威、灭线磷、硫环磷、蝇毒磷、地虫硫磷、氯唑磷、克线磷、六六六、滴滴涕、毒杀芬、二溴氯丙烷、杀虫脒、二溴乙烷、除草醚、艾氏剂、狄氏剂、汞制剂、含砷或铅类药、敌枯双、氟乙酰胺、甘氟、毒鼠强、氟乙酸钠、毒鼠硅等。

(9) 无公害蔬菜苦瓜禁用农药品种。甲胺磷、甲基对硫磷、对硫磷、久效磷、磷胺、甲拌磷、甲基异柳磷、特丁硫磷、甲基硫环磷、治螟磷、内吸磷、克百威、涕灭威、灭线磷、硫环磷、蝇毒磷、地虫硫磷、氯唑磷、克线磷等。

(10) 无公害蔬菜豇豆禁用农药品种。甲胺磷、甲基对硫磷、对硫磷、久效磷、磷胺、甲拌磷、甲基异柳磷、特丁硫磷、甲基硫环磷、治螟磷、克百威、内吸磷、涕灭威、灭线磷、硫环磷、蝇毒磷、地虫硫磷、氯唑磷、克线磷等。

(11) 无公害蔬菜菜豆禁用农药品种。甲胺磷、甲基对硫磷、对硫磷、久效磷、磷胺、甲拌磷、甲基异柳磷、特丁硫磷、甲基硫环磷、治螟磷、内吸磷、克百威、涕灭威、灭线磷、硫环磷、蝇毒磷、地虫硫磷、氯唑磷、克线磷等。

(12) 无公害蔬菜萝卜禁用农药品种。甲胺磷、甲基对硫磷、对硫磷、久效磷、磷胺、甲拌磷、甲基异柳磷、特丁硫磷、甲基硫环磷、治螟磷、内吸磷、克百威、涕灭威、灭线磷、硫环磷、蝇毒磷、地虫硫磷、氯唑磷、克线磷、六六六、滴滴涕、毒杀芬、二溴氯丙烷、杀虫脒、二溴乙烷、除草醚、艾氏剂、狄氏剂、汞制剂、含砷类农药、含铅类农药、敌枯双、氟乙酰胺、甘氟、毒鼠强、氟乙酸钠、毒鼠硅等。

除此之外，农业部门也正式推荐了一批无公害农产品施用农

药。在这个推荐名单中，首先是杀虫、杀螨剂和杀菌剂两大门类，其次是各个具体分类。这些推荐农药品种大都具有高效、低残留等特点，不仅可以杀灭农作物上的病虫害，而且不会对农产品造成药物残留，可以放心使用。

(13) 杀虫、杀螨剂。

①生物制剂：生物制剂和天然物质属于这类的有苏云金杆菌、甜菜夜蛾核多角体病毒、银纹夜蛾多角体病毒、小菜蛾颗粒病毒、棉铃虫核多角体病毒、苦参碱、印楝素、烟碱、鱼藤酮、苦皮藤素、阿维菌素、多杀霉素、白僵苗、除虫菊素。

②合成制剂：

a. 菊酯类 溴氰菊酯、氯氟氰菊酯、氯氰菊酯、联苯菊酯、氰戊菊酯、甲氰菊酯、氯丙菊酯。

b. 氨基甲酸酯类 硫双威、丁硫克百威、抗蚜威、异丙威、速灭威。

c. 有机磷类 辛硫磷、毒死蜱、敌百虫、敌敌畏、马拉硫磷、乙酰甲胺磷、乐果、三唑磷、杀螟硫磷、倍硫磷、丙硫磷、二嗪磷、亚胺硫磷。

d. 昆虫生长调节剂 灭幼脲、氟啶脲、氟铃脲、氟虫脲、除虫脲、噻嗪酮、抑食肼、虫酰肼。

e. 专用杀螨剂 哒螨灵、四螨嗪、唑螨酯、三唑锡、炔螨特、噻螨酮、苯丁锡、单甲脒、双甲脒。

f. 其他 杀虫单、杀虫双、杀螟丹、甲氨基阿维菌素、啶虫咪、吡虫脒、灭蝇胺、氟虫腈、丁醚脲。

(14) 杀菌剂。

①无机杀菌剂：属于这类的有碱式硫酸铜、王铜、氢氧化铜、氧化亚铜、石硫合剂。

②合成杀菌剂：属于这类的有代森锌、代森锰锌、福美双、乙膦铝、多菌灵、甲基硫菌灵、噻菌灵、百菌清、三唑酮、烯唑

醇、戊唑醇、己唑醇、腈菌唑、乙霉威、硫菌灵、腐霉利、异菌脲、双霉威、烯酰吗啉锰锌、霜脲氰锰锌、邻烯内基苯酚、嘧霉胺、氟吗啉、盐酸吗啉胍、恶霉灵、噻菌铜、咪鲜胺、咪鲜胺锰盐、抑霉唑、氨基寡糖素、甲霜灵锰锌、亚胺唑、春王铜、噁唑烷酮锰锌、脂肪酸铜、腈嘧菌脂。

③生物制剂：属于这类的有井冈霉素、农抗120、菇类蛋白多糖、春雷霉素、多抗霉素、宁南霉素、木霉素、农用链霉素。

二、无公害农产品的认证与管理

1. 无公害农产品认证特点

无公害农产品认证工作是农产品质量安全管理的重要内容。开展无公害农产品认证工作是促进结构调整、推动农业产业化发展、实施农业品牌战略、提升农产品竞争力和扩大出口的重要手段。无公害农产品认证有以下几个特点。

（1）认证性质。无公害农产品认证执行的是无公害食品标准。认证的对象主要是百姓日常生活离不开的“菜篮子”和“米袋子”产品。也就是说，无公害农产品认证的目的是保障基本安全，满足大众消费，是政府推动的公益性认证。

（2）认证方式。无公害农产品认证采取产地认定与产品认证相结合的模式，运用了从“农田到餐桌”全过程管理的指导思想，打破了过去农产品质量安全管理分行业、分环节管理的理念，强调以生产过程控制为重点，以产品管理为主线，以市场准入为切入点，以保证最终产品消费安全为基本目标。产地认定主要解决生产环节的质量安全控制问题；产品认证主要解决产品安全和市场准入问题。无公害农产品认证的过程是一个自上而下的农产品质量安全监督管理行为；产地认定是对农业过程的检查监督行为；产品认证是对管理成效的确认，包括监督产地环境、投入品使用、生产过程的检查及产品的准入检测等方面。

(3) 技术制度。无公害农产品认证推行“标准化生产、投入品监管、关键点控制、安全性保障”的技术制度。从产地环境、生产过程和产品质量3个重点环节控制危害因素含量，保障农产品的质量安全。

2. 无公害农产品认证依据

为了确保认证的公平、公正、规范，无公害农产品认证是在一套既符合国家认证认可规则又满足相关法律法规、规章制度、技术标准规范要求的认证制度下进行运作的。

(1) 法律法规。

①国家相关法律法规：《中华人民共和国农业法》《中华人民共和国认证认可条例》《中华人民共和国农产品质量安全法》和《国务院关于加强食品等产品安全监督管理的特别规定》，是制定无公害农产品认证工作制度所遵循的法律依据。

②无公害农产品管理办法：由农业部和国家质量监督检验检疫总局联合发布，提出了无公害农产品管理工作，由政府推动，并实行产地认定和产品认证的工作模式，明确省级农业行政主管部门负责组织实施本辖区内无公害农产品产地认定工作，标志着无公害农产品管理工作正式纳入依法行政的轨道。

(2) 制度文件。

①《无公害农产品产地认定程序》和《无公害农产品认证程序》。由农业部和国家认证认可监督管理委员会联合颁发，规范了认定和认证的行为，并首次明确了农业部农产品质量安全中心承担无公害农产品认证工作。

②《无公害农产品产地认定与产品认证一体化推进实施意见》。从根本上解决了无公害农产品产地认定与产品认证脱节问题，提高了产地认定和产品认证工作效率，加快了产地认定与产品认证步伐。意见从总体思路、推进重点和实施要求3个方面做了阐述，并附有《无公害农产品产地认定与产品认证一体化工作

流程规范》和《无公害农产品产地认定与产品认证一体化推进前后申请材料及审查流程对比分析》。

③《无公害农产品产地认定与产品认证一体化推进和复查换证提交材料的补充规定》。为促进无公害农产品产地认定与产品认证一体化推进和复查换证工作的有序开展，确保无公害农产品认证工作的规范性。

④《关于开展无公害农产品便携式复查换证工作的通知》。为推进无公害农产品事业又好又快发展，根据无公害农产品到期复查换证工作出现的新情况和新要求，农业部农产品质量安全中心决定对在无公害农产品证书有效期内产品质量稳定、从未出现过质量安全事故的无公害农产品，在证书有效期满申请复查时推行便捷式换证手续。

⑤《关于进一步规范无公害农产品认证工作时限的通知》。规范了无公害农产品工作时限，特对各级工作机构在无公害农产品认证审核时限上作了相应的划定和规范：实行受理（接收）、报出告知制度，建立了一次性明确补充材料和整改时限要求。

⑥《实施无公害农产品认证的产品目录》。《无公害农产品认证程序》中第三条和第四条规定，农业部和国家认证认可监督管理委员会依据相关的国家标准或行业标准发布《实施无公害农产品认证的产品目录》，申请无公害农产品认证的产品应在认证产品目录范围内。认证产品目录中共有产品815个，其中，种植业产品546个，畜牧业产品65个，渔业产品204个。

（3）标准体系。无公害食品标准是无公害农产品认证的技术依据和基础，是判定无公害农产品的尺度。为了使全国无公害农产品生产和加工按照全国统一的技术标准进行，消除不同标准差异，树立标准一致的无公害农产品形象，农业部组织制定了一系列产品标准以及包括产地环境条件、投入品使用、生产管理技术规范、认证管理技术规范等通则类的无公害食品标准，标准系

列号为 NY 5000。

无公害食品标准体现了“从农田到餐桌”全程质量控制的思想。标准包括产品标准、投入品使用准则、产地环境条件、生产管理技术规范和认证管理技术规范 5 个方面，贯穿了“从农田到餐桌”全过程所有关键控制环节，促进了无公害农产品生产、检测、认证及监管的科学性和规范化。

3. 无公害农产品认证程序

（1）无公害农产品产地认定与产品认证。农业部于 2003 年 4 月推出了无公害农产品国家认证。根据《无公害农产品管理办法》的有关规定，无公害农产品管理工作由政府推动，并实行产地认定和产品认证的工作模式。国家鼓励生产单位和个人申请无公害农产品产地认定和产品认证。实施无公害农产品认证的产品范围由农业部、国家认证认可监督管理委员会共同确定、调整。

从事无公害农产品产地认定的部门和产品认证的机构不得收取费用。检测机构的检测、无公害农产品标志按国家规定收取费用。

在 2006 年 7 月之前，无公害农产品产地认定与产品认证是分开进行的，即产地认定工作由本辖区内的省级农业行政主管部门负责组织实施，认定结果报农业部农产品质量安全中心备案、编号；产品认证工作由农业部农产品质量安全中心统一组织实施，认证结果报农业部、国家认监委公告。根据《无公害农产品管理办法》《无公害农产品产地认定程序》和《无公害农产品认证程序》规定，结合无公害农产品事业发展需要，在充分调研和广泛征求意见的基础上，农业部农产品质量安全中心于 2006 年 7 月组织制定了《无公害农产品产地认定与产品认证一体化推进实施意见》，从 2006 年 8 月 1 日起正式实施无公害农产品产地认定与产品认证一体化推进工作。

（2）无公害农产品产地认定与产品认证工作流程。本工作流程适用于经农业部农产品质量安全中心批复认可的省、自治区、直辖市及计划单列市无公害农产品产地认定与产品认证一体化推进工作。

①从事农产品生产的单位和个人：可以直接向所在县级农产品质量安全工作机构（简称“工作机构”）提出无公害农产品产地认定和产品认证一体化申请，并提交以下材料。

a.《无公害农产品产地认定与产品认证（复查换证）申请书》。

b. 国家法律法规规定申请者必须具备的资质证明文件（复印件）。

c. 无公害农产品生产质量控制措施。

d. 无公害农产品生产操作规程。

e. 符合规定要求的《产地环境检验报告》和《产地环境现状评价报告》或者符合无公害农产品产地要求的《产地环境调查报告》。

f. 符合规定要求的《产品检验报告》。

g. 规定提交的其他相应材料。

申请产品扩项认证的，提交材料 a、d、f 和有效的《无公害农产品产地认定证书》。申请复查换证的，提交材料 a、f、g 和原《无公害农产品产地认定证书》和《无公害农产品认证证书》复印件，其中，材料 f 的要求按照《无公害农产品认证复查换证有关问题的处理意见》执行。

同一产地、同一生长周期、适用同一无公害食品标准生产的多种产品在申请认证时，检测产品抽样数量原则上采取按照申请产品数量开二次平方根（四舍五入取整）的方法确定，并按规定标准进行检测。

申请之日前两年内部、省监督抽检质量安全不合格的产品应

包含在检测产品抽样数量之内。

②县级工作机构：自收到申请之日起10个工作日内，负责完成对申请人申请材料的形式审查。符合要求的，在《无公害农产品产地认定与产品认证报告》（以下简称《认证报告》）签署推荐意见，连同申请材料报送地级工作机构审查。

不符合要求的，书面通知申请人整改、补充材料。

③地级工作机构：自收到申请材料、县级工作机构推荐意见之日起15个工作日内，对全套申请材料进行符合性审查。符合要求的，在《认证报告》上签署审查意见（北京、上海、天津、重庆等直辖市和计划单列市的地级工作合并到县级一并完成），报送省级工作机构。不符合要求的，书面告知县级工作机构通知申请人整改、补充材料。

④省级工作机构：自收到申请材料及县、地两级工作机构推荐、审查意见之日起20个工作日内，应当组织或者委托地县两级有资质的检查员按照《无公害农产品认证现场检查工作程序》进行现场检查，完成对整个认证申请的初审，并在《认证报告》上提出初审意见。

通过初审的，报请省级农业行政主管部门颁发《无公害农产品产地认定证书》，同时，将申请材料、《认证报告》和《无公害农产品产地认定与产品认证现场检查报告》及时报送部直各业务对口分中心复审。

未通过初审的，书面告知地县级工作机构通知申请人整改、补充材料。

本工作流程规范未对无公害农产品产地认定和产品认证作调整的内容，仍按照原有无公害农产品产地认定与产品认证相应规定执行。

⑤农业部农产品质量安全中心：审核颁发《无公害农产品证书》前，申请人应当获得《无公害农产品产地认定证书》或者

省级工作机构出具的产地认定证明。

4. 无公害农产品标志

无公害农产品标志由农业部和国家认监委联合制定并发布，是加施于获得全国统一无公害农产品认证的产品或包装上的证明性标志。印制在包装、标签、广告、说明书上无公害农产品标志图案、不能作为无公害农产品标志使用。

全国统一无公害农产品标志标准颜色由绿色和橙色组成。标志图案主要由麦穗、对勾和无公害农产品字样组成，麦穗代表农产品，对勾表示合格，橙色寓意成熟和丰收，绿色象征环保和安全（图 2-9）。

图 2-9　无公害农产品标志

无公害农产品标志的使用涉及政府对无公害农产品质量的保证和对生产者、经营者及消费者合法权益的维护，是国家有关部门对无公害农产品进行有效监督和管理的重要手段。因此，要求所有获证产品以“无公害农产品”称谓进入市场流通，均需在

产品包装上加贴标志。

标志除采用多种传统静态防伪技术外，还具有防伪数码查询功能的动态防伪技术。使用该标志是无公害农产品高度防伪的重要措施。

第三章　环境污染的防治与处理

在农业生产和农村生活中，存在多种环境污染源，如化肥、农药、农用地膜、没有得到综合利用的农作物秸秆、畜禽粪便、生活污水和生活垃圾等。如果使用或处理不当，都会对环境造成一定的污染，对农业生态的平衡造成破坏。

第一节　化肥污染的防治

一、化肥污染概述

1. 肥料的分类

肥料是植物的粮食，是直接或间接供给作物所需养分，改善土壤性状，以提高作物产量和品质的物质。

肥料的分类方法很多，一般将肥料分为有机肥料、无机肥料和微生物肥料。

有机肥料又称农家肥，其特点是原料来源广，数量大；养分全，含量低；肥效迟而长，须经微生物分解转化后才能为植物所吸收；改土培肥效果好。无机肥料，是相对有机肥料而言，由无机物质组成的肥料，又称化学肥料，简称化肥。微生物肥料是指一类含有活的微生物并在使用中能获得特定肥料效应能增加植物产量或提高品质的生物制剂。

目前，生产上起决定作用的是无机肥料，其次是有机肥料，微生物肥料所占份额较少。

2. 化肥的种类

按所含养分种类，化肥可分为氮肥、磷肥、钾肥、钙镁硫肥、复合肥料、微量元素肥料等。常用的磷肥有过磷酸钙、重过磷酸钙、钙镁磷肥、磷矿粉等，常用的钾肥有氯化钾、硫酸钾、窑灰钾肥等，常用的复合肥有磷酸一铵、磷酸二铵、硝酸磷肥、磷酸二氢钾及多种掺混复合肥，常用的微肥有硫酸锌、硫酸亚铁、硫酸锰、硼砂、钼酸铵等。

3. 化肥污染的危害

化肥污染是农田施用大量化肥而引起水体、土壤和大气污染的现象。

（1）化肥污染对水体的危害。未被植物吸收利用的氮素随水下渗或流失，造成水体污染。氮肥一旦进入地表水，会使地表水中的营养物质增多，造成水体富营养化，水生植物及藻类大量繁殖，消耗大量的氧，致使水体中溶解氧下降，水质恶化，生物的生存受到影响，有时候严重的话还会造成鱼类死亡，破坏水环境，进而影响人类的生产和生活。

化肥施用在农田后，会发生解离，从而形成阳离子和阴离子，一般的阴离子是硝酸盐、亚硝酸盐和磷酸盐，这些阴离子随淋失而进入地下水，导致地下水中硝酸盐、亚硝酸盐及磷酸盐含量增高。硝氮、亚硝氮的含量是反映地下水水质的一个重要指标，其含量过高则会对人畜直接造成危害，使人类发生病变，严重影响身体健康。

（2）化肥污染对土壤的危害。化肥对土壤的污染有隐蔽性的特点，土壤质量的下降是一个累积的过程，故而化肥对土壤的污染不能够受到足够的重视。

过量施用化肥会导致土壤酸化，过磷酸钙、硫酸铵、氯化铵等都属于生物酸性肥料，即植物吸收肥料中的养分离子后，土壤中氢离子增多，易造成土壤酸化。氮肥在土壤中会发生硝化反应产生硝酸盐，这个过程会产生交换性氢离子，土壤吸附性复合体接受了一定数量的这种交换性氢离子，使土壤中的碱性离子淋失，我国北方土壤中含有大量铝的氢氧化物，土壤酸化后可加速土壤中原生矿物和次生矿物风化而释放出大量铝离子，形成植物可以吸收的铝化合物，植物长期和过量的吸收铝，会中毒甚至死亡。

化肥还会降低土壤微生物活性减少蚯蚓等有益生物，土壤微生物具有转化有机质、分解矿物和降解有毒物质的作用，蚯蚓以土壤中的动植物碎屑为食，经常在地下钻洞，把土壤翻得疏松，使水分和肥料易于进入而提高土壤的肥力，有利于植物的生长，并且富含腐殖质的蚓粪是植物生长的极好肥料，我国化肥施用结构不合理，氮肥的施用量高而磷肥、钾肥和有机肥的施用量低，这会减少土壤微生物和有益生物的减少。

过量施用化肥，可使土壤中的一些离子数量发生改变致使土壤结构被破坏，导致土壤板结，进一步影响土壤微生物的生存，化肥无法补偿有机质的缺乏，造成有机质含量下降（图 3-1）。

图 3-1　土壤板结

(3) 化肥污染对大气的危害。化肥容易发生分解挥发，再加上不合理的施用化肥会对大气造成污染。氮肥在施用于农田的时候，会发生氨的气态损失；施用后直接从土壤表面挥发成氨气和氮氧化物进入到大气中。大气中氨的浓度过量，会危害人和动植物健康。氮氧化物在近地面通过阳光的作用会与氧气发生反应，形成臭氧，产生光化学烟雾，并刺激人畜的呼吸器官。氧化亚氮进入到臭氧层后，会与臭氧发生反应，消耗掉臭氧，使臭氧层遭到破坏，就不能够阻挡紫外线穿透大气，强烈的紫外线对生物有极大的危害，例如，患皮肤癌患者的概率增加。

(4) 化肥污染对人体健康的影响。氮肥施用过多的蔬菜，其硝酸盐含量比正常情况高出很多，人畜食用这种蔬菜后，硝酸盐在人体内转化为亚硝酸盐，亚硝酸盐一方面与体内胺类结合生成强致癌物——亚硝胺，导致肠癌、胃癌、直肠癌等；另一方面与血液中的铁离子结合，导致高铁血红素蛋白症，使人出现行为反应障碍，头晕目眩，意识丧失等症状，严重的还危及生命。

值得注意的是，化肥对环境的污染是不合理施用化肥造成的。因此，不能因为化肥可能污染环境就不施用化肥，关键在于如何合理施用化肥。

二、化肥污染的防治

1. 改进施肥方式，正确施肥

在生产实践中，要逐步推广土壤诊断和植物营养诊断技术，发展平衡施肥和配方施肥技术。具体地说，应采取以下措施。

(1) 建立科学的施肥制度。由于各地气候、地形、生物、土壤性质和肥力水平各不相同，各地的栽培耕作制度以及作物品种也有一定的差别，因此，要根据土壤的供肥特性、作物的需肥和吸肥规律以及计划产量水平，确定最佳营养元素比例、肥料用量、肥料形态、施肥时间和方法等。

（2）合理配合施肥。要获得作物的高产稳产，必须为作物均衡供应多种养分。为此要科学地确定氮、磷、钾及其他中、微量元素肥料的用量比例。应提倡有机与无机肥料的配合施用，实现用地与养地相结合。

（3）利用3S技术精确施肥。3S技术是指能够采集空间宏观信息的遥感技术（RS）、处理地面信息的地理信息系统（GIS）和确定地理位置的全球定位系统（GPS）技术。三者联合构成一个信息采集、处理和可精确操作的体系，能够针对农田土壤肥力微小的变化将施肥操作调整到相应的最佳状态，使施肥操作由粗放到精确。这一高新技术的应用，可以极大地减少肥料的浪费，提高化学肥料的利用率。

2. 提高肥料养分资源的利用率

作物对化学肥料利用率不高是造成环境污染的重要原因。因此，提高肥料养分资源的利用效率是防治施肥造成环境污染的重要措施。主要有以下途径。

（1）物理途径。改良肥料剂型，提倡施用液态氮肥和复合肥料是提高肥料利用率的有效措施。如氮肥深施或施肥后控水灌溉等，以减少 N_2O 的排放。

（2）化学途径。研制化肥新品种，发展复合肥，减少杂质以提高化肥质量，是提高化肥利用率的有效途径之一。如缓控释肥料。

（3）生物途径。通过育种策略，培育耐水分、养分胁迫的优良品种，是提高农田养分资源利用率的重要途径。

3. 提倡使用农家肥

目前，大多数农民还没有意识到化肥对环境和人体健康造成的潜在危险。故而，要加大化肥污染的宣传力度，完善农村环保农技科普机制，提高群众的环保意识，使人们充分认识到化肥污

染的严重性。

提倡使用农家肥，以农作物的秸秆，动物的粪便以及各种植物为原料，利用沼气池产生沼液制作高质量的农家有机肥，施用有机肥能够增加土壤有机质、土壤微生物，改善土壤结构，提高土壤的吸收容量以及自净能力，增加土壤胶体对重金属等有毒物质的吸附能力（图 3–2）。

图 3–2 使用农家肥

各地可根据实际情况推广豆科绿肥，例如，实行引草入田、草田轮作、粮草经济作物带状间作和根茬肥田等形式种植。因为，豆科植物在生长时会有固氮菌进行固氮，豆科植物的秸秆含有丰富的氮。这种利用生态固氮的方式应该加以推广。

第二节　农药污染的防治

一、农药污染概述

1. 农药的概念

广义的农药是指用于预防、消灭或者控制危害农业、林业的病、虫、草和其他有害生物以及有目的地调节、控制、影响植物和有害生物代谢、生长、发育、繁殖过程的化学合成或者来源于生物、其他天然产物及应用生物技术产生的一种物质或者几种物质的混合物及其制剂。狭义上是指在农业生产中，为保障、促进植物和农作物的成长，所施用的杀虫、杀菌、杀灭有害动物（或杂草）的一类药物统称。特指在农业上用于防治病虫以及调节植物生长、除草等药剂（图 3-3）。

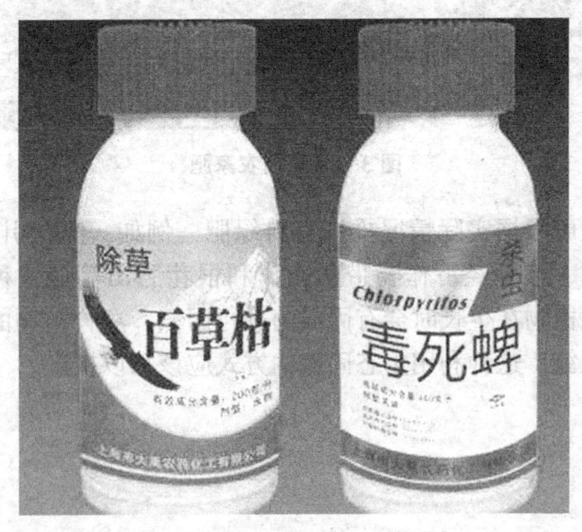

图 3-3　农药

2. 农药的分类

根据原料来源可分为有机农药、无机农药、植物性农药、微生物农药。此外，还有昆虫激素。

根据防治对象，可分为杀虫剂、杀菌剂、杀螨剂、杀线虫剂、杀鼠剂、除草剂、脱叶剂、植物生长调节剂等。

根据加工剂型可分为可湿性粉剂、可溶性粉剂、乳剂、乳油、浓乳剂、乳膏、糊剂、胶体剂、熏烟剂、熏蒸剂、烟雾剂、油剂、颗粒剂、微粒剂等。大多数是液体或固体，少数是气体。

3. 农药污染的危害

农药是农业生产中必不可少的生产资料，又是具有毒物属性的有害化学物质，不合理使用将导致对生态环境和人体健康的危害。农药污染指农药或其有害代谢物、降解物对环境和生物产生的污染。

(1) 农药污染对土壤的危害。农药进入土壤的途径有 3 种情况：第一种是农药直接进入土壤包括施用的一些除草剂，防治地下害虫的杀虫剂和拌种剂，按此途径的农药基本上全部进入土壤；第二种是防治病虫害喷撒农田的各类农药，直接目标是害虫和草，目的是保护作物，但有相当部分农药落于土壤表面或落于稻田水面而间接进入土壤；第三种是随着大气沉降，灌溉水和植物残体。

土壤中农药对农作物的影响，主要表现在对农作物生长的影响和农作物从土壤中吸收农药而降低农产品质量。农作物吸收土壤中的农药主要看农药的种类，一般水溶性的农药植物容易吸收，而脂溶性的被土壤强烈吸附的农药植物不易吸收。另外，蚯蚓是土壤中最重要的无脊椎动物，它对保持土壤的良好结构和提高土壤肥力有着重要意义。但有些高毒农药，例如，对硫磷、地虫磷等能在短时期内杀死它。

除此之外，农药对土壤微生物的影响也很大，包括对微生物总数的影响及硝化作用、氨化作用、呼吸作用的影响。对土壤微生物影响较大的是杀菌剂，它们在杀灭病原微生物的同时，也危害了一些有益微生物，如硝化细菌和氨化细菌。随着农药在农业方面的使用越来越多，它对土壤微生物的负面作用也更加值得我们关注。

（2）农药污染对生态的危害。大量和高浓度使用杀虫剂、杀菌剂的同时，杀伤了许多害虫天敌，破坏了自然界的生态平衡，使过去未构成严重危害的病虫害大量发生，如红蜘蛛、介壳虫、叶蝉及各种土传病害。此外，农药也可以直接造成害虫迅速繁殖。

长期大量使用化学农药不仅误杀了害虫天敌，还杀伤了对人类无害的昆虫，影响了以昆虫为生的鸟、鱼、蛙等生物；在农药生产、施用量较大的地区，鸟、兽、鱼、蚕等非靶生物伤亡事件也时有发生（图3-4）。

图3-4 农药对鱼造成污染

（3）农药污染对人体健康的影响。农药既是重要的农业生

产资料，又是对生物体有害作用的化学物质，即具有毒物的属性。农药可经消化道、呼吸道和皮肤 3 条途径进入人体而引起中毒，其中，包括急性中毒、慢性中毒等。由于人们的生活方式不同，有误食、食用不卫生的水果，蔬菜和不注重个人的清洁卫生的情况而引起药物性中毒，而有些农药能溶解在人体的脂肪和汗液中，特别是有机磷农药，可以通过皮肤进入人体，危害人体的健康。

急性中毒多发生于高效农药，大都引起头晕头痛、恶心、呕吐、多汗且无力等症状，严重则昏迷、抽搐、吐沫、肺水肿、呼吸极度困难甚至死亡。慢性中毒是经常连续吸入或皮肤接触较小量农药，使毒物进入人体后逐渐发生病变和中毒症状。此过程一般发病缓慢，病程较长，症状难于鉴别，因此，也往往被人们忽略。

土壤既是人类生活活动的基地，又是容纳人类排出废弃物的场所。土壤污染对人的危害主要体现在食物链，这种危害是长期的、潜在的，人们往往难以察觉，特别是残效期长的农药，如滴滴涕 DDT 在土壤中消失 90%需要 4~30 年（平均10 年）。食物、蔬菜、水果表面的农药含量越高浓度也越高，对人的影响就越大。

二、农药污染的防治

1. 减少农药用量

综合防治是一种科学合理地管理、控制病虫草害发生危害的系统。它把生物控制和有选择地使用化学农药等手段有效地结合起来，充分利用天敌防治这一自然因素，并补充必要的人工因素，只是在病虫草害所造成的损失接近经济阈限时才使用农药，从而达到减少农药用量，获得最大防治效果，减轻环境污染的目的。

（1）植物检疫。植物检疫是贯彻“预防为主，综合防治”方针的一项根本性措施。防止危险性病虫杂草种子随同植物及农产品传入国内和带出国外，称为对外检疫。当危险性病虫杂草已由国外传入或由国内一个地区传至另一个地区时，及时采取有力措施彻底消灭；当国内局部地区已发生危险性病虫杂草时，立即限制、封锁在一定范围内，防止蔓延扩大，这两项内容称为对内检疫。

（2）农业防治。农业防治是利用耕作和栽培技术，改良环境条件以避免病、虫、草害的发生。例如，通过轮作来消灭西瓜枯萎病，对于发病严重的西瓜地，加大间隔时间。水稻害虫三化螟越冬后，灌水泡田 10 天左右，可使其幼虫窒息死亡。合理施肥可减轻病虫害的发生，如氮肥过多会加重稻瘟病、白叶枯病、稻纵卷叶螟的发生危害，棉花后期喷施磷肥，可大大减轻棉铃虫的危害。

选育抗病虫害的品种是农业防治技术的一项重要措施，如扬州市农科院培育的扬麦品种一般可在每年 5 月 20 日之前灌浆成熟，因而可以避过麦穗蚜的为害盛期。

（3）物理防治。物理防治主要是利用各种物理方法来预测和捕杀害虫。这种方法具有经济、方便、有效和不污染环境的优点，可直接消灭病、虫、草害于大发生之前或大量发生时期。例如，利用昆虫的趋光性安装黑光灯诱杀害虫等（图 3-5）。

（4）生物防治。生物防治是综合防治系统的重要组成部分。在生产上常用的方法是利用自然界的各种有益生物（又称天敌）或微生物来控制有害牛物。如我国采用赤眼蜂防治甘蔗螟、稻纵卷叶螟、玉米螟和松毛虫；用平腹小蜂防治荔枝蝽；用金小蜂防治棉铃虫；利用捕食螨的蜘蛛防治虫螨；用草蛉防治棉花害虫；用啮小蜂防治水稻三化螟等。此外，利用益鸟如猫头鹰来控制鼠害。生物防治还可以通过控制害虫繁殖使其自行消灭。如利用自

图 3-5 诱杀害虫的黑光灯

灭剂，即采用 X 射线照射的方法，在实验室内培育大量的不育蝇，然后放出，使其与天然蝇交配，不产生后代，从而达到灭除效果。

（5）化学防治。化学防治是利用化学药剂直接或间接地防治病、虫、草害的方法，是当前国内外广泛应用的手段。这种方法突出的优点是：作用快，效果显著，方法简便，成本低。而且化学药剂可以工业化生产，受地域性和季节性的限制少，加上现代化植保机械的发展和应用，可以充分发挥化学药剂的施用效率。因此，在当前和今后相当长的时间内，化学防治在综合防治中，仍然占有极其重要的地位。

2. 安全合理使用农药

农药的安全合理使用首先要做到对症下药，使用品种和剂量因防治对象不同应有所不同。如对不同口器的害虫选择不同的药剂；根据害虫对一些农药的抗药性合理选择药剂；考虑某些害虫对某种药剂有特殊反应选择药剂等。其次是适时、适量用药，应在害虫发育中抵抗力最弱的时间和害虫发育阶段中接触药剂最多的时间施用农药。同时，根据不同作物、不同生长期和不同药剂选择最佳施入剂量。

3. 制订农产品中的允许残留量标准

制订农药的每日容许摄入量（ADI），并根据人们取食习惯，制订出各种作物与食品中的农药最大残留允许量。根据农药在农作物上的允许残留量，制订出某一农药在某种作物收获前最后一次施药日期，使作物上的农药残留量不超过规定残留标准。最后一次使用农药到作物收获之间相隔日期，称为安全间隔期。安全间隔期的长短与农药种类、剂型、施药浓度、次数、方式、作物种类、气候等因素有关。安全间隔期的使用，可提高合理使用农药的效果。同时，收获的农产品符合国家农药残留容许量标准，对减轻食品由于受农药污染带给人体的危害、保障人类身体健康起到积极良好的作用。

4. 加强农药使用开发管理

不能使用国家明令禁止的农药。其中，国家明令禁止使用的农药包括六六六、滴滴涕、毒杀芬、二溴氯丙烷、杀虫脒、二溴乙烷、除草醚、艾氏剂、狄氏剂、汞制剂、砷、铅类、敌枯双、氟乙酰胺、甘氟、毒鼠强、氟乙酸钠、毒鼠硅、甲胺磷、甲基对硫磷、对硫磷、久效磷、磷胺、苯线磷、地虫硫磷、甲基硫环磷、磷化钙、磷化镁、磷化锌、硫线磷、蝇毒磷、治螟磷、特丁硫磷等。同时，大力开发研制和推广使用低毒、残留期短的生物农药，建立健全农药分析监测系统，加强农村植保人员的培训工作。

第三节　“白色污染”的防治

一、“白色污染”概述

1. 什么是“白色污染”

“白色污染”是人们对难降解的塑料垃圾污染环境的一种形象称谓，是人们随意抛弃在自然界中的白色废旧塑料包装制品（如塑料袋、塑料薄膜、农用地膜、快餐盒、饮料瓶、包装填充物等）飘挂在树上、散落在路边、草地、街头、水面、农田及住宅周围等随处可见的污染现象（图3-6）。

图3-6　白色污染

2. 塑料的特性

造成“白色污染”的主要污染源就是塑料垃圾。塑料中的必要和主要成分是树脂。树脂分为天然树脂和合成树脂。树脂是由高分子物质所组成，是由一种或几种简单化合物通过聚合反应而生成的一种高分子化合物，所以，又称聚合物或称高聚物。

根据塑料受热后的性质不同分为热塑性塑料和热固性塑料。热塑性塑料分子结构都是线型结构，在受热时发生软化或熔化，可塑制成一定的形状，冷却后又变硬。在受热到一定程度又重新软化，冷却后又变硬，这种过程能够反复进行多次。如聚氯乙烯、聚乙烯、聚苯乙烯等。热塑性塑料成型过程比较简单，能够连续化生产，并且具有相当高的机械强度，因此，发展很快。

3. “白色污染”对农业环境的危害

我国于20世纪70年代初从日本开始引进地膜覆盖技术，起初只小面积栽培种植一些蔬菜、棉花等作物。到70年代末我国开始在华北、东北、西北及长江流域一些地区进行试验、示范、推广。经过30多年的发展，我国地膜覆盖面积和使用量已居世界首位。地膜覆盖技术在促进我国农业发展的同时，给土壤和环境造成的污染也越来越严重。

（1）造成作物减产。地膜的主要化学成分是聚乙烯，这种大分子材料降解的速度特别慢，有的甚至在田间残留几十年。地膜残留在田间后，造成土壤板结，通透性变差，根系生长受阻，土壤微生物的活动减慢，最直接的后果就是造成作物减产。且残留量越大，农作物减产就越明显。有研究表明，作物覆膜种植7~10年，会造成棉花减产10%~23%，花生减产10%~15%，玉米减产10%~21%、蔬菜减产15%~59%。

（2）容易缠绕。大量残膜容易缠于犁齿，影响农田的机耕作业，影响机耕深度，时间一长，易造成土壤板结。

（3）污染空气和水体。“白色污染”经过太阳的照射而把塑料中大量的毒物排入大气层，大气层上面是臭氧层，这样使臭氧层的气体逐渐变薄。若把废塑料直接进行焚烧处理，将给环境造

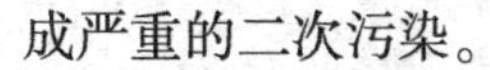

成严重的二次污染。

塑料易成团成捆，能堵塞水流，造成水利设施故障。如果被牲畜当做食物吞入，会因其绞在消化道中无法消化而造成死亡。

二、“白色”污染的防治

1. 以防为主，创新生产工艺

以防为主，创新生产工艺，生产并向市场提供可降解农膜或可多次利用不易破碎的农膜，避免质量低劣的农膜进入市场。

2. 逐步取代石油膜的使用

利用天然植物和秸秆等农业副产品生产农膜，逐步取代石油膜的使用。

3. 宣传教育

宣传教育群众充分认识废旧塑料残留对农业生产的危害，从农业生产环节入手，及时捡拾和清除残膜及其他塑料垃圾，保护农业生产环境。对于这方面工作做得好的单位或个人，政府可给予一定的奖励或资金支持。

4. 鼓励适时揭膜

鼓励适时揭膜，改变过去的收获后揭膜为收获前揭膜，适时揭膜可缩短覆膜时间 60~90 天，地膜仍保持较好的韧性，回收率一般可达 90%以上，可基本消除土壤的残膜污染。

5. 农用塑料的回收与利用

(1) 分类回收。

①根据不同作物的特点，采用不同的废膜回收方式：拔根收获的作物，根部较大，侧枝根多，植株较大或枝杈较多，上下不易脱去地膜以及覆盖于作物顶部的膜，宜在作物收获之前回收农膜；割茎收获的作物，可先收作物后清膜；植株不易同地膜分离的作物，如花生，采取收获作物与回收废膜同时进行。回收废膜时，应尽量保持膜的完整性，将拾拣的废膜残片稍加叠整，卷成

筒状，系上绳子，便于捆包、运输和存放。

②旧棚膜的回收利用：耐候功能膜连续覆盖一年后性能较差，宜从大棚、日光温室上撤下来用于覆盖中小棚。覆盖一茬小棚后，一般还可以用于地面覆盖菠菜等越冬蔬菜。对不能继续利用的废旧薄膜，应集中交废品收购站或有关企业回收利用，防止出现白色污染。

(2) 根据回收膜料的老化程度，生产不同种类的再生塑料产品。

较好的料可生产农用灌溉的软管，颜色深的料可生产蔬菜营养钵、水稻育秧盘，还可生产养殖珍珠用的养殖盘、养海带用的浮球等。

第四节 农作物秸秆污染的防治

一、农作物秸秆概述

1. 农作物秸秆和废弃物的定义

农作物秸秆是农业废弃物中的农田废弃物，主要包括小麦、水稻、玉米、薯类、油料、棉花、甘蔗和其他杂粮等农作物秸秆(图 3-7)。

《农业大词典》将农业废弃物定义为：农业生产、农产品加工、畜禽养殖业和农村居民生活排放的废弃物。一是农田和果园残留物（如秸秆、杂草、枯枝落叶、果壳果核等)；二是牲畜和家禽的排泄物及畜栏垫料；三是农产品加工的废弃物和污水；四是人粪尿和生活废弃物。

2. 农作物秸秆的利用价值

秸秆等农业废弃物主要是有机物，这些废弃物若处理得当，多层次合理利用，是重要的资源和有机肥源。如饲草的过腹还

图 3-7　农作物秸秆

田，鸡粪处理后作为部分猪饲料，利用农作物秸秆和粪便制取沼气，沼渣、沼液可以养蚯蚓、作肥料等，农业废弃物综合利用是生态农业研究和推广的重要内容之一。

3. 随意处置农作物秸秆的危害

秸秆焚烧和随意弃置，对环境和生产造成多方面的严重危害。

（1）破坏土壤结构，造成农田质量下降。焚烧秸秆使地面温度急剧升高，能直接烧死、烫死土壤中的有益微生物，腐殖质、有机质被矿化，田间焚烧秸秆破坏了这套生物系统的平衡，改变了土壤的物理性状，加重了土壤板结，影响作物对土壤养分的充分吸收，破坏了地力，直接影响农田作物的产量和质量，进而影响农业收益。

（2）引发交通事故，影响道路交通和航空安全。由于高速公路两旁有大量的农田，焚烧秸秆形成的烟雾，造成空气能见度下降，可见范围降低，容易引发交通事故。秸秆焚烧所形成的烟雾，还能妨碍飞机起降，影响航空安全。

（3）容易引发火灾，威胁群众的生命财产安全。秸秆焚烧，极易引燃周围的易燃物，尤其是在山林附近，一旦引发山火，后果将不堪设想。

（4）污染空气环境，危害人体健康。有数据表明，焚烧秸秆时，大气中二氧化硫、二氧化氮、可吸入颗粒物 3 项污染指数达到高峰值，其中，二氧化硫的浓度比平时高出一倍，二氧化氮、可吸入颗粒物的浓度比平时高出 3 倍，相当于日均浓度的 5 级水平。当可吸入颗粒物浓度达到一定程度时，对人的眼睛、鼻子和咽喉含有黏膜的部分刺激较大，可能会引起咳嗽、胸闷、支气管炎等病症（图 3-8）。

图 3-8　焚烧秸秆

二、农作物秸秆的合理利用

1. 机械化秸秆还田

秸秆还田的方法有 2 种：一是用机械将秸秆打碎，耕作时深

翻严埋，利用土壤中的微生物将秸秆腐化分解；另一种秸秆回田的有效方法是将秸秆粉碎后，掺进适量石灰和人畜粪便，让其发酵，在半氧化半还原的环境里变质腐烂，再取出作为肥料还田使用。

2. 过腹还田

过腹还田是将秸秆通过青贮、微贮、氨化、热喷等技术处理，可有效改变秸秆的组织结构，使秸秆成为易于家畜消化、口感性好的优质饲料。

3. 制取沼气

稻草秸秆等属于有机物质，是制取沼气的好材料。我国的北方、南方都能利用，尤其是南方地区，气温高，利用沼气的季节长。制取沼气可采用厌氧发酵的方法。此方法是将种植业、养殖业和沼气池有机结合起来，利用秸秆产生的沼气进行做饭和照明，沼渣喂猪，猪粪和沼液作为肥料还田。此种方式是生态农业良性循环的良好模式，它适应了现代化农村发展的需求，受到农民群众的热烈欢迎。

4. 用作工业原料

农作物秸秆可用作造纸的原料，还可以用作压制纤维木材，能弥补木材资源的不足，减少木材的砍伐量，提高森林覆盖率，使生态环境向良性发展。

5. 培育食用菌

将秸秆粉碎后，与其他配料科学配比作食用菌栽培基料，可培育木耳、蘑菇、银耳等食用菌，能有效地解决近几年食用菌生产迅猛发展与棉籽壳供应不足的矛盾。育菌后的基料经处理后，仍可作为家畜饲料或作肥料还田。

第五节 畜禽粪便污染的防治

一、畜禽粪便污染概述

1. 畜禽粪便污染的途径

畜禽粪便中含有大量氮、磷和有机污染物等。畜禽粪便成为面源污染的途径主要有：一是畜禽粪便作为肥料施用后，粪便中氮、磷从耕地淋失；二是由于畜禽生产中不恰当的粪便贮存，氮、磷养分的渗漏；三是不恰当的贮存和田间运用养分中散发到大气中的氨；四是乡村地区没有进行充分的废水处理设施，污染物直接排入农田。

2. 畜禽粪便污染的危害

(1) 空气污染。畜禽养殖场中检测出的有害气体有100多种。猪、鸡等畜禽饲料中的70%左右的含氮物质未被充分利用被排泄出来。大量的畜禽粪便如不及时处理，在高温下发酵和分解，产生氨气和硫化氢等臭味气体，排放到大气中，会使臭味成倍增加。同时，产生的甲基硫醇、二甲基二硫醚、甲硫醚及多种低级脂肪酸等有害气体，对空气造成污染，使空气中含氧量相对下降，导致周围动物及人的免疫力下降，呼吸道疾病频发，同时，影响畜禽产品质量。

(2) 水体污染。畜禽排泄出大量的废弃物是水体污染的源头。例如，1个千头猪场日排泄粪尿达6t，年排泄粪尿达2 500t。采用水冲清粪则日产污水达30t，年排污水1万t。在养殖过程中，使用清洁的水体冲洗饲养圈内外产生污水，排入沟渠、河流，造成地表水污染或下渗造成地下水污染。清洁水体（如自然降雨、上游流水等）与养殖场的粪便等废弃物发生接触，使清洁水体受到污染，更不容忽视的是通过粪肥归田利用后发生营养物

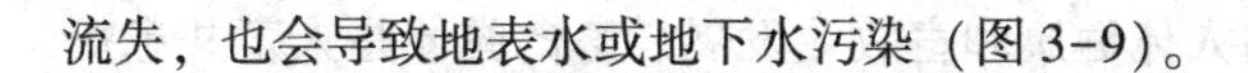

流失，也会导致地表水或地下水污染（图 3-9）。

图 3-9　直接排入河流的畜禽粪便

粪便和冲洗粪便废水中含有氮，磷及粪渣等有害物质，可以通过地表径流污染地表水和地下水。水中过多的氮、磷会使水体富营养化，引起藻类大量繁殖，水中阳光和溶解氧降低，水体变黑发臭，导致鱼类及水生物死亡，严重威胁水产业的发展。畜禽粪便过量施用，残留土壤中的氮、磷等物质渗入地下水，导致地下水中氮的升高，人若长期或大量饮用，可能诱发癌症的发生。

（3）土壤污染。畜禽粪便中含有大量的钠盐和钾盐，若直接用于农田，过量钠和钾通过反聚作用会造成某些土壤的微孔减少，破坏土壤结构，危害植物。为了提高饲料的利用率，促进畜禽生长发育，增强其抗病能力，在饲料中大量添加铜、锌等重金属。大量重金属的添加，不仅使畜禽产品中的重金属含量残留超标，同时，由于动物的吸收率很低，畜禽粪便中重金属的含量随添加量的增加而大大增加。

(4) 影响人体健康和畜牧业发展。畜禽粪便是人畜共患疾病的主要载体，含有大量的病原微生物、寄生虫卵及滋生的蚊蝇。在自然条件下，污染水体的病原菌，由于天然水的自净作用，会很快死亡。若不及时清除，会造成环境中病原种类增多、菌量增大以及病原菌和寄生虫的大量繁殖，造成人、畜传染病的蔓延。畜禽长期处于这样的不良环境中，会造成仔猪（鸡）成活率低、育肥猪增重变慢、蛋鸡产蛋少、料肉（蛋）比增高，严重阻碍了养殖业的发展。

二、畜禽粪便污染的防治

养殖业污染是动物生产过程中不可避免的污染。随着人们环保意识的提高，养殖业污染已经被人们和相关部门所重视，并在防治方面取得了一定的成效。但是，畜禽粪污染的并未得到有效的控制。随着科学技术的发展，可以利用先进科学技术来处理畜牧生产过程中的粪便污染。

1. 畜禽养殖场合理选址

为了有效降低畜禽养殖场产生粪便对环境的污染，其选址非常重要。因此，对于新建养殖场，在选址时，应考虑以下几方面因素。①在河流、湖泊等地表水的一定辐射范围内禁止建场；②选址时应远离下渗率较高的地区；③尽量远离水土流失严重的地区；④选择在周围有足够的农田，果园等地区，方便进行粪便消纳；⑤对现有选址不合理的畜禽养殖场进行搬迁。

2. 开发新型饲料

饲料中过量的氮和磷等物质，随着粪尿排出体外，不仅造成了资源的浪费，而且对环境造成污染。应加强饲料的研究，开发新型饲料，寻找饲料各组分间的最佳配比，提高饲料中氮和磷等的利用率，尽可能地减少未被畜禽利用的氮、磷等排出体外，有效降低氮、磷等造成的污染。

3. 粪尿中氮/磷含量监测

定期监测畜禽场排放的粪尿中氮、磷含量，不达到排放标准的禁止向河流中排放。并与生产管理相结合，调控饲料中氮，磷等营养物质的比例，提高利用效率。最大限度减少氮，磷等营养物质的浪费和排放。

4. 加强畜禽废弃物资源化利用

(1) 开发以粪便为原料的有机肥和无机肥。畜禽粪便与工业污染不同之处在于畜禽粪便是一种有价值的资源。经过减量化无害化处理后，可以将畜禽粪便制成优质的有机肥和无机肥，变废为宝。在国外许多国家，畜禽粪便还田是畜禽粪便处理利用的主要方向。例如，日本在短短几年内解决了畜禽粪便的污染问题，畜禽粪便还田运动起到了很大作用。应该学习国外先进技术，对畜禽养殖场的粪便进行综合利用，大力推进畜禽粪便还田，积极开发以粪便为原料的有机肥和无机肥，减少畜禽粪便直接排放产生的污染。

(2) 制作动物饲料。畜禽因对营养物质的消化和吸收不充分，营养物质随粪尿排出体外，导致饲料中营养物质的浪费，并对水体产生污染。因此，畜禽粪便具有较高的营养价值，富含粗蛋白、矿物质和微量元素，粪便经过高压、热化、灭菌、脱臭等过程，制成粉状动物饲料添加剂，对家禽和水产养殖具有很好的营养作用。目前，畜禽粪便饲料化的技术方法主要有干燥法、青贮法、喷热法以及分解法等。

5. 选择畜禽粪便处理技术和模式

畜禽粪便中含有大量的病原体，在其资源化利用前，必须进行无害化处理。我国养殖场的规模大小不一，各地自然条件、经济条件千差万别，粪污处置与排放方式也不尽相同，因此，养殖场粪便处理不可能只采用一种技术、一种模式。科学来看，大中型养殖场粪污处理首先应考虑综合利用，多余的粪污达标排放。

（1）使用先进的畜禽粪便处理技术。通过干检粪或固液分离出来的畜禽粪便中含有大量的有机质和氮、磷、钾等植物必需的营养元素，但也含有大量的微生物和寄生虫，只有经过无害化处理才能加以应用。常见的处理方法有生物发酵法、干燥法及焚烧法等。但焚烧法在燃烧处理时不仅使一些有利用价值的营养元素被烧掉，造成资源的浪费，而且易产生二次污染，不宜提倡。

污水经厌氧、好氧、土壤、生物、植物处理后达标排放或厌氧处理后用于蔬菜、果林地的渗灌施肥兼污水处理的方法，其运行方式投资少、费用低、亦还肥于田，并为有机农业、高效农业的发展奠定了基础，是目前最有实用价值、值得推广的处理方法之一。畜禽养殖污水处理常用方法主要有厌氧处理法和厌氧-好氧联合处理法。

（2）畜禽粪便处理模式。目前，我国规模化畜禽养殖场处理粪污常见的模式有：能源模式、能源-环保模式、环保模式、生态工程模式。能源模式是以厌氧处理获取沼气为核心的大中型畜禽养殖场的能源工程；能源-环保模式是农业部倡导的、以厌氧发酵制取沼气为核心并结合环保要求的处置与利用方式；环保模式是环保部门倡导的，以预处理、厌氧、好氧、后处理等手段使污水处理后达标排放的方式，是较为全面的处理畜禽粪便的一种模式。生态工程模式是利用生态工程技术将粪水处理与污水资源化利用结合起来的模式，既解决环境污染问题，又充分利用资源，变废为宝。规模化畜禽养殖场可根据本场污染物处理要求及粪污处理方式，从而选择相应的处理模式。

6. 畜禽粪污处理产业化

随着大型规模化养殖业的迅猛发展，吸引社会各界投资，使畜禽粪便处理处置形成产业化和专业化，这种运作模式不仅可解决畜禽养殖业环境污染问题，而且，可为绿色食品生产提供可靠的物质保障，并通过出售有机肥提高经济效益，也可为农民创造

就业机会。通过产业化吸引多方投资，开展专业运营，可以实现环境、农业和投资方共赢的局面，这种社会化服务是社会发展的必然趋势。

目前，我国畜禽养殖场粪污处理大量采用厌氧工艺和堆肥处理工艺，产生沼气和堆肥、肥料产品。随着沼气发电的利用及堆肥、沼渣、沼液的商品化利用，畜禽粪污处理技术也成为一种新型产业。

7. 走农牧结合道路，发展循环经济

目前，一方面集约化畜禽养殖场多建在大、中城市近郊是中国畜禽养殖业污染防治存在的主要问题之一。另外，大量养殖专业户和专业村，导致畜禽粪便量大且集中，而城郊又无充足的土地进行消纳，形成农牧分离，种养严重脱节的不利局面，导致环境的严重污染。另一方面化肥的大量使用，导致有机肥施用量大幅减少，使畜禽粪便未得到有效利用。粪肥在保持和提高土壤肥力的效果上远远超过化肥，使粪便作为肥料还田是一种促进农牧良性循环、维持生态平衡的有效措施，特别是要考虑是否有足够的农田消纳粪污和提供优质饲料，提高粪便的利用效率，减少粪便的排放，走农牧结合的道路，发展循环经济。

8. 遵守畜禽规模养殖污染防治条例中的相关规定

我国首部农业农村环保行政法规《畜禽规模养殖污染防治条例》于2014年1月1日开始实施。其中，与畜禽粪便污染相关的条文摘录如下。

第十一条　禁止在下列区域内建设畜禽养殖场、养殖小区：

（一）饮用水水源保护区，风景名胜区；

（二）自然保护区的核心区和缓冲区；

（三）城镇居民区、文化教育科学研究区等人口集中区域；

（四）法律、法规规定的其他禁止养殖区域。

第十三条　畜禽养殖场、养殖小区应当根据养殖规模和污染防治需要，建设相应的畜禽粪便、污水与雨水分流设施，畜禽粪便、污水的贮存设施，粪污厌氧消化和堆沤、有机肥加工、制取沼气、沼渣沼液分离和输送、污水处理、畜禽尸体处理等综合利用和无害化处理设施。已经委托他人对畜禽养殖废弃物代为综合利用和无害化处理的，可以不自行建设综合利用和无害化处理设施。

未建设污染防治配套设施、自行建设的配套设施不合格，或者未委托他人对畜禽养殖废弃物进行综合利用和无害化处理的，畜禽养殖场、养殖小区不得投入生产或者使用。

畜禽养殖场、养殖小区自行建设污染防治配套设施的，应当确保其正常运行。

第十五条　国家鼓励和支持采取粪肥还田、制取沼气、制造有机肥等方法，对畜禽养殖废弃物进行综合利用。

第十六条　国家鼓励和支持采取种植和养殖相结合的方式消纳利用畜禽养殖废弃物，促进畜禽粪便、污水等废弃物就地就近利用。

第十九条　从事畜禽养殖活动和畜禽养殖废弃物处理活动，应当及时对畜禽粪便、畜禽尸体、污水等进行收集、贮存、清运，防止恶臭和畜禽养殖废弃物渗出、泄漏。

第二十一条　染疫畜禽以及染疫畜禽排泄物、染疫畜禽产品、病死或者死因不明的畜禽尸体等病害畜禽养殖废弃物，应当按照有关法律、法规和国务院农牧主管部门的规定，进行深埋、化制、焚烧等无害化处理，不得随意处置。

第二十八条　建设和改造畜禽养殖污染防治设施，可以按照国家规定申请包括污染治理贷款贴息补助在内的环境保护等相关资金支持。

第三十一条　国家鼓励和支持利用畜禽养殖废弃物进行沼气发电，自发自用、多余电量接入电网。电网企业应当依照法律和

国家有关规定为沼气发电提供无歧视的电网接入服务，并全额收购其电网覆盖范围内符合并网技术标准的多余电量。

利用畜禽养殖废弃物进行沼气发电的，依法享受国家规定的上网电价优惠政策。利用畜禽养殖废弃物制取沼气或进而制取天然气的，依法享受新能源优惠政策。

第六节　生活污水的处理

一、生活污水概述

我国农村生活污水主要来源于家庭生活过程中产生的灰水和黑水，其中灰水由厨房排水、卫生淋浴水、洗衣水构成；黑水由粪便和尿液及其冲洗水构成。

目前，我国污水处理行业仍处于初级阶段，污水处理能力尚跟不上用水规模的迅速扩张，而全国城镇污水处理率更是不高，对于农村而言仍没有具体污水处理厂。我国农村地区生活污水处理主要有以下四方面的特征：一是生活污水排放覆盖面广、相对较散；二是产生生活污水的途径较多；三是处于逐渐增加阶段；四是处理率低。

二、农村生活污水处理技术

由于农村发展的不平衡以及各个村镇存在的差别，对生活污水的处理方式也不同。一般情况下，会综合采用多种方式进行污水处理。

1. 土壤渗滤生态处理系统

该技术为生物生态组合技术，适用于土地较少但土壤条件适宜的农村点。土壤渗滤包括慢速渗滤、快速渗滤两种方法。土壤渗滤处理系统由前期处理化粪池和土壤渗滤两部分构成。

该系统的基本原理是生活污水在化粪池中经过沉淀、厌氧处理后，进入分配箱，分流入各土壤渗滤管中，管中流出的污水均匀地向厌氧滤层渗滤，再通过表面张力作用上升，越过厌氧滤层出口堰之后，通过虹吸现象连续地向上层好氧滤层渗透（图 3-10）。

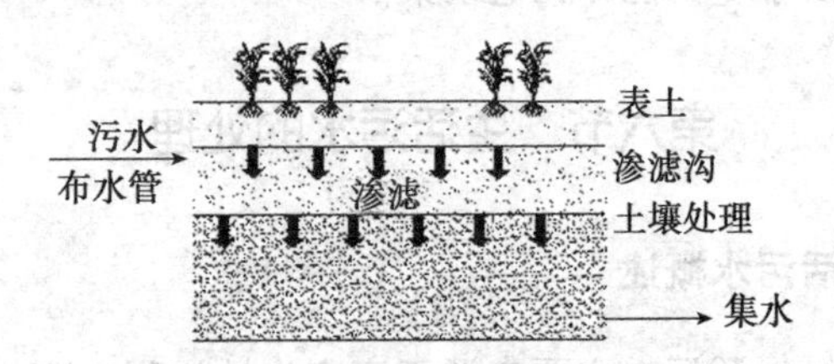

图 3-10　土壤渗滤生态处理系统

在上述过程中，水与污染物分离，水被渗滤并通过集水管道收集，污染物通过物理化学吸附被截留在土壤中；碳和氮由于厌氧和好氧过程，一部分被分解为无机碳、无机氮留在土壤中；另一部分变成氮气和二氧化碳散入空气中；磷则被土壤物理或化学吸附，截留在土壤中，为草坪或者其他植物所利用。

该系统工艺流程为：污水—厌氧沼气池—配水池—土壤渗滤处理工艺—集水井—出水。

2. 人工湿地法

湿地是指天然或人工、长久或暂时性的沼泽地、湿原、泥炭地或水域地带，带有或静止或流动、或为淡水、半咸水或咸水的水体。所谓人工湿地是指人为影响、施工形成的湿地系统。不论人工或天然，湿地都具有其十分强大的生态功能，具有相同的特点其表面常年或经常覆盖着水或充满了水，是介于陆地和水体之间的过渡带，其中，生长着许多挺水、浮水和沉水植物。这些植物能够在其组织中吸附金属及一些有害物质，很多植物还能参与解毒过程，对污染物质进行吸

收、代谢、分解，实现水体净化。因此，湿地常常被称作“天然污水处理器”，而且，这个“天然污水处理器”几乎不需要添加化石燃料和化学药品。

按照系统布水方式的不同或水在系统中流动方式不同，将人工湿地处理系统划分为以下几种类型。

（1）表面流湿地。表面流湿地是一种污水从湿地表面漫流而过的长方形构筑物，结构简单，工程造价低；但由于污水在填料表面漫流，易滋生蚊蝇，对周围环境会产生不良影响，而且其处理效率较低。污水从湿地表面流过。在流动的过程中废水得到净化。水深一般 0.3~0.5m，水流呈推流式前进。污水从入口以一定速度缓慢流过湿地表面，部分污水或蒸发或渗入地下。近水面部分为好氧生物区，较深部分及底部通常为厌氧生物区。表面流人工湿地中氧的来源主要靠水体表面扩散、植物根系的传输和植物的光合作用。但是由于传输能力十分有限，故人工湿地大部分采用潜流式湿地系统（图 3-11）。

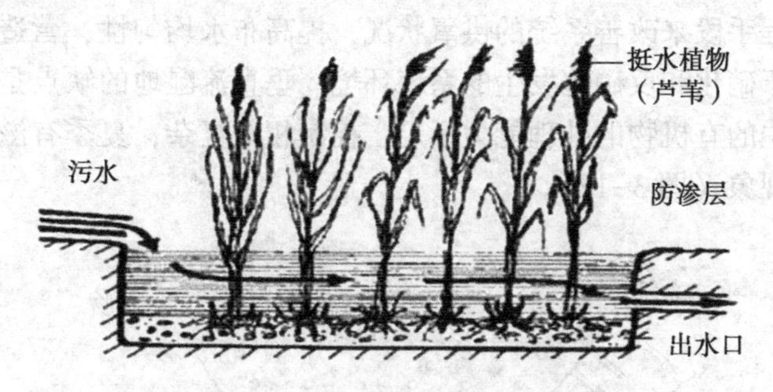

图 3-11　表面流人工湿地示意图

（2）潜流湿地。污水在填料缝隙之间渗流，可充分利用填料表面及植物根系上生物膜及其他作用处理污水，出水水质好。由于水平面在覆盖土层或细砂层以下，卫生条件较好，故被广泛采用。潜流式湿地一般由两级湿地串联，处理单元并联组成。与表面流人工湿地相比，水平潜流人工湿地的水力负荷大，对BOD、COD、TSS、TP、TN、藻类、石油类等有显著的去除效率。潜流湿地一般设计成有一定底面坡降的、长宽比大于3且长大于20m的构筑物，污水流程较长，有利于硝化和反硝化作用的发生，脱氮效果较好。或方形构筑物，污水的流程较短，反硝化作用较弱，且工程技术要求较高。由于垂直流湿地可方便地采用工程手段来改善系统的供氧状况，提高布水均匀性，营造更加有利于硝化和反硝化发生的系统环境，故越来越受到人们的重视。

（3）垂直流湿地。污水沿垂直方向流动，氧供应能力较强，硝化作用较充分，占地面积较小，可实现较大的水力负荷长期运行。垂直潜流人工湿地的硝化能力高于水平潜流人工湿地，对于氨氮含量较高的污水废水有较好的处理效果。垂直流湿地一般设计成高约1m左右的圆形或方形构筑物。污水的流程较短，反硝化作用较弱，且工程技术要求较高。由于垂直流湿地可方便地采用工程手段来改善系统的供氧状况，提高布水均匀性，营造更加有利于硝化和反硝化发生的系统环境。垂直流湿地的缺点是对于污水中的有机物的处理能力不足，控制相对复杂，夏季有滋生蚊蝇的现象（图3-12）。

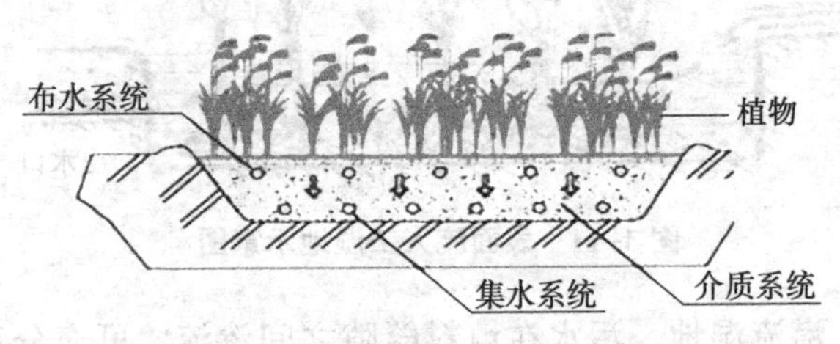

图3-12　垂直流人工湿地示意图

（4）复合流式潜流人工湿地。沈阳环境科学研究院的专有及专利技术复合流式潜流人工湿地技术（以水平流为主与上升式垂

直流结合)。与其他类型人工湿地相比，复合流式潜流人工湿地的水力负荷大，对 BOD_5、COD_{Cr}、SS、氮磷等污染指标的去除效果好，而且没有恶臭和滋生蚊蝇现象，特别是能有效解决北方寒冷地区的冬季运行问题，同时，解决了湿地项目的尖端难题，即通过设置倒膜系统、各种级配的填料，解决湿地的堵塞问题。

3. 稳定塘法

稳定塘是一种利用天然净化能力的生物处理构筑物的总称，主要利用菌藻的共同作用处理废水中的有机污染物，稳定塘污水处理系统具有基建投资和运转费用低、维护和维修简单、便于操作、能有效去除污水中的有机物和病原体等优点。

常用的稳定塘的类型和建造方法如下。

（1）高效藻类塘。高效藻类塘不同于传统稳定塘，主要表现在塘的深度较浅，一般为 0.3~0.6m，而传统的稳定塘根据其类型不同，塘内深度一般在 0.5~2m。有一垂直于塘内廊道的连续搅拌装置，较短的停留时间，比一般的稳定塘的停留时间短 1/10~1/7 倍，宽度一般较窄。高效藻类塘的这些特点，使其比传统稳定塘运行成本更低、维护管理更简单，克服了传统稳定塘停留时间过长、占地面积过大等缺点，在处理农村及小城镇污水方面具有广阔的应用前景。

（2）水生植物塘。利用高等水生植物提高稳定塘处理效率，控制出水藻类，除去水中的有机毒物及微量重金属。生长速度最快和改善水质效果最好的水生植物有水葫芦、水花生和宽叶香蒲等。

（3）多级串联塘。将单塘改造成多级串联塘，可提高单位容积的处理效率。从微生物的生态结构看，由于不同的水质适合不同的微生物生长，串联稳定塘各级水质在递变过程中，产生各自相适应的优势菌种，因而，更有利于发挥各种微生物的净化作用。在设计多级串联塘时，确定合适的串联级数，找到最佳的容积分配比特别重要。

(4) 高级综合塘系统。高级综合塘系统由高级兼性塘、高负荷藻塘、藻沉淀塘和深度处理塘串联组成，每个塘都经过专门设计。高级综合塘系统与普通塘系统相比，具有水力负荷率和有机负荷率较大、水力停留时间较短、占地少、无不良气味等优点。

第七节　生活垃圾的处理

农村生活垃圾的成分主要是废菜、蛋壳、废弃的食品、煤灰、废塑料、废纸、碎玻璃、碎陶瓷、废电池以及其他废弃的生活用品。

一、生活垃圾的堆放

1. 池塘、洼地、沟渠成为天然的垃圾填埋场

村内有一定数量的池塘、洼地和沟渠，往往它们的走位边堆放着一堆堆的垃圾，甚至在池塘的水面上还漂浮着一些塑料、纸片、树叶等。这些垃圾是村民每天从家里清扫出来的生活垃圾，垃圾在堆放地日积月累就成了一个个“小山包”，垃圾还是没有得到及时的处理。结果是池塘、洼地和沟渠都受到了不同程度的污染。

2. 村舍前后树荫下垃圾随处可见

在农村，村民一般会在房前屋后栽种一些树木，可没想到的是，这些本来代表“净”的绿树却成了垃圾场。只要细看，就会发现，树下往往会堆放着许多垃圾，如塑料袋，纸屑，果壳等。当有风的时候，这些垃圾就会“随风起舞”。

3. 垃圾随农家肥进入农田

虽然近年来农民生活水平提高了，农村的机械化作业在逐渐增多。但传统的耕作方式并没有完全被现代化的生产方式所取代，还有部分村民家里养着耕牛，同时，农户家里一般也会养一

些鸡、鸭、猪等禽畜。受传统生产、生活方式的影响村民不会轻易将禽畜的粪便丢弃，而是沿袭传统的习惯用禽畜的粪便来沤农家肥。一些村民在处理家庭垃圾的时候，为了方便，便会直接将垃圾丢弃在院子里的沤肥池里，当农家肥、被运往农田的时候，塑料等垃圾便随之一起进入农田。

【典型案例】垃圾分类金东模式成全国学习榜样

浙江省金华市金东区因地制宜创新方式实现垃圾分类全覆盖，制定出台了全国首个农村生活垃圾分类管理标准《农村生活垃圾分类管理规范》，成为全国垃圾分类的标杆之一，被评为2016年中国民生示范工程，并吸引了全国各地的考察团前去取经。

1. 二分法模式简单易行

在金东区岭下镇岭五村，看到一位村民将家里的垃圾分好类，分别投进了门口蓝色和绿色两只垃圾桶，蓝色的垃圾桶上写着“会烂垃圾”，绿色的垃圾桶上写着“不会烂垃圾”的字样。

像这位村民一样，这里很多村民都会主动将垃圾分类，投入制定的垃圾箱内。在他们看来，这样的分类很简单：塑料袋、饮料瓶等不腐烂的垃圾放进蓝色的垃圾桶内，瓜皮、菜叶等容易腐烂的扔进绿色的垃圾桶内。

“农村里大多是老人、妇女和孩子，他们文化程度普遍不高，跟他们说可回收、不可回收，不一定听得懂、分得清；但会不会烂，一听就明白了。”岭五村妇女主任说，这样的分法尽管不是严格意义上的垃圾分类，但通俗易懂，符合农村的实际情况。

农户自行进行第一次分拣之后，保洁员在上门收集垃圾的过程中还会进行二次分拣。保洁员使用的垃圾车也是金东区统一配备、经过特殊改装的：三轮车的车斗隔成2个部分，一边装可回收垃圾，另一边装不可回收垃圾。为减少空气污染、方便倾倒，车斗还加了顶盖和侧门。使用这样的垃圾车，保洁员将垃圾统一运输到太阳能垃圾房，进行下一步的处理。

2. 循环利用，破解难题

在塘雅镇集镇附近的铁路旁，有一座标准的垃圾减量处理房。据塘雅镇村镇建设办公室副主任介绍，这个减量处理房是塘雅镇8个村联建的垃圾处理房，分14个垃圾房，其中，2个为共用的不易腐烂垃圾房，另外12个沤肥房，每扇门上都标注了村庄名字。

通过垃圾减量处理房处理后，可回收垃圾变成生物肥做有机肥料，渗滤液进入厌氧池，废气无害化处理后直接排入大气。这些太阳能垃圾减量化处理房已经很大程度上有效解决了农村垃圾分类“最后一公里”问题。

按正常速度，垃圾需6个月才能完成堆肥。采用浙江大学的好氧高温堆肥技术，两个月就能实现。1t垃圾，经沤肥房处理后，只剩下0.2~0.3t有机肥，这种有机肥，氮磷钾含量都很高，种蔬菜特别好。

据金东区统计，按镇村常住人口38万人测算，年产生活垃圾量约9万t，以65%的减量比例计算，一年能减少垃圾约6万t。

3. 做好垃圾分类工作制度要先行

金东区从2014年5月开始推行农村生活垃圾分类减量化处理试点工作，2014年10月，区政府决定率先在澧浦镇开展垃圾分类处理试点。在此基础上进行推广，在二环以外的442个行政村中推开农村生活垃圾分类减量化处理。到2015年底全面完成农村生活垃圾分类投放、收集、运输、处理工作，基本实现全区农村生活垃圾分类减量化处理工作行政村全覆盖。

垃圾分类推广初期，不少村民的卫生习惯难以扭转，常常不能按要求进行分类，“一开始，所有村干部都要挨家挨户去看垃圾桶，看到分类不对的，一户户指导，然后重新分过。”金东区

农办副主任介绍，不仅如此，金东区还在所有村庄建立了环境卫生“荣辱榜”制度。每个村每月评出 3~5 户卫生保洁先进户和促进户，在村公开栏曝光。

金东区坚持管用有效的原则，制定了区级考核制度、镇级考评制度、垃圾分拣员评优制度、村级垃圾（污水）收费制度、村级党员干部联片包户网格化等一系列的制度。这些制度的推行，让垃圾分类工作有章可循。

二、生活垃圾的处理

目前，我国农村生活垃圾处理的主要方法为卫生填埋、焚烧、堆肥等。

1. 卫生填埋技术

填埋技术是目前我国应用最为广泛的垃圾处理技术，原理是利用工程手段，采取防渗、铺平、压实、覆盖等措施将垃圾埋入地下，经过长期的物理、化学和生物作用使垃圾达到稳定状态，将垃圾压实减容至最小，并对气体、渗沥液、蝇虫等进行治理，最终对填埋场封场覆盖，从而将垃圾产生的危害降到最低，使整个过程对公众卫生安全及环境均无危害的一种土地处理垃圾方法。

垃圾填埋技术比较成熟，操作管理简单，处理量大，可以处理所有种类的垃圾。在不考虑土地成本和后期维护的前提下，垃圾填埋技术的建设投资和运行成本相对较低，能处理处置各种类型的废物，并可利用垃圾填埋气发电向城市提供电能或热，实现经济循环发展。目前，我国由于经济实力和人民生活水平还较低，基础设施相对落后，垃圾填埋技术目前及将来一定时间内是我国垃圾处理的主导技术，现占到我国垃圾处理能力的 80%。

然而填埋处理本身存在难以解决的问题，首先，填埋法无害化程度较低，特别是由于我国城市垃圾含水量和有机物含量都较

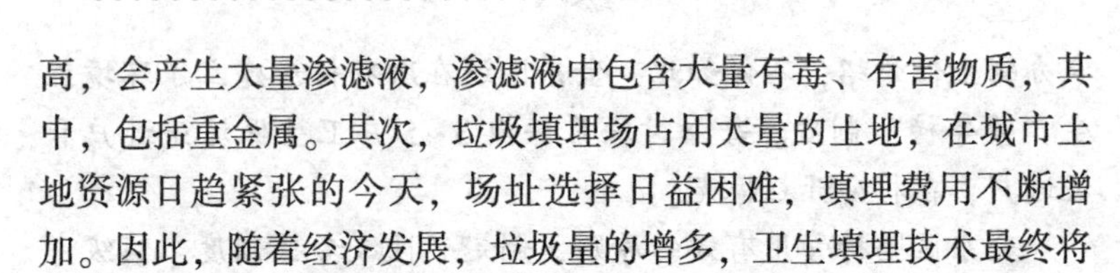

高，会产生大量渗滤液，渗滤液中包含大量有毒、有害物质，其中，包括重金属。其次，垃圾填埋场占用大量的土地，在城市土地资源日趋紧张的今天，场址选择日益困难，填埋费用不断增加。因此，随着经济发展，垃圾量的增多，卫生填埋技术最终将因投资较大，占用大量土地及易污染环境而被边缘化。

2. 垃圾焚烧技术

农村生活垃圾中的废塑料等可燃成分较多，具有很高的热值，采用科学合理的焚烧方法是完全可行的。焚烧处理是将垃圾作为固体燃料送入垃圾焚烧炉中，生活垃圾中可燃成分在800～1 200℃的高温下氧化、热解而被破坏，转化为高温的燃烧气和少量性质稳定的固体废渣。焚烧技术是目前生活垃圾处理的有效途径之一。

因垃圾焚烧技术具有处理效率高，有效实现垃圾减量化、无害化、节约填埋场占地等特点，近年垃圾焚烧尾气净化技术也突飞猛进，目前，我国垃圾焚烧发电厂主要分布在经济发达的地区和一些大城市，其中，江苏、浙江、广东3省的生活垃圾焚烧发电厂数量最多。随着经济发展，我国西部地区越来越多的城市也将选择建设垃圾焚烧发电厂。

目前，我国大型垃圾焚烧设备及尾气净化装置大都依靠引进国外先进技术及装备，因国外垃圾普遍采用了分类收集，进入焚烧厂的成分相对简单，热值高，水分含量低，而在我国垃圾中厨余垃圾多、热值低、水分高、灰分大、成分复杂，因而直接引进国外焚烧设备不仅投资大，处理效率降低，且需要较多的辅助燃料，因垃圾成分复杂，尾气处理难度和污染控制成本增高。因此，尽快开展垃圾分类，研制高效、廉价的焚烧炉及焚烧炉尾气中多种污染物脱除技术，实现该技术的规模化、商业化是我国垃圾焚烧技术的重点工作。

3. 垃圾堆肥技术

农村生活垃圾中有机组分（厨余、瓜果皮、植物残体等）含量较高，经济较发达的农村可达到80%以上，可采用堆肥法进行处理。堆肥法就是在一定的工艺条件下，使可被生物降解的有机物转化为稳定的腐殖质，并利用发酵过程产生的热量杀死有害微生物达到无害化处理的生物化学过程。堆肥按有氧状态可分为好氧堆肥和厌氧堆肥。厌氧堆肥与好氧堆肥比较，单位质量的有机质降解产生的能力较少，且厌氧堆肥通常容易发出臭味，因此，目前好氧堆肥应用更广泛。

堆肥技术工艺简单，适合于易腐有机质较高的垃圾处理，可实现垃圾资源化，且投资较单纯的垃圾填埋、焚烧技术都低。堆肥技术在欧美起步较早，目前已经达到工业化应用的水平，堆肥产品能作为有机肥增强土壤肥力，因此，堆肥是农村生活垃圾资源化处理的最有前景的发展方向。然而由于我国城市垃圾的分类收集程度低，垃圾成分日趋复杂，直接影响堆肥产品质量，可能会造成潜在污染，特别是重金属残留问题。目前，利用混合垃圾简易堆肥出的产品品质较差，且可能含有有毒物质，缺乏与普通工业肥料的竞争力。

第八节　重金属污染

从前几年刊登在美国《移民与难民研究》杂志上的一份关于“纽约健康和营养检测调查报告”显示，来自中国大陆的移民血液中铅、镉、汞等重金属含量高于来自其他亚洲地区的移民，铅比其他亚洲新移民高出44%。到这几年频频爆出“毒大米”事件，敲响国人对土壤重金属认识警钟的同时，也引起了人们对重金属污染的高度重视。

一、重金属与人类生活

金属与人类生活密切相关。有些金属在人体结构和机能中可发挥重要作用，甚至被列为主要的营养素，一旦缺乏将导致病理学的症状特征，如钙、钾、钠、镁，为人体功能所必需的常量营养金属；铁、锌、硒、锰、铜等为人体功能所必需的微量营养金属，但有些金属进入人体后，则会产生毒性作用。食物中毒中常见的有毒金属主要来源于自然环境、食品生产加工、农用化学物质及工业“三废”的污染。所谓有毒的金属，指既不是必需元素，又不是有益元素的那一类，它们在人体内即使少量存在，对正常的代谢作用也会产生明显的毒性作用。

当然，所有的金属如果摄取得足够多的话，都可能有毒，比如硒在有毒量和不足量之间的界限就非常小，人体的适应能力也有一定的限度。如果环境的异常变化超出人体正常生理调节的限度，就可能引起人体某些功能和结构发生异常，造成病理性变化。重金属污染就是造成这种病理性变化的因素之一。

一般来说，重金属是指比重大于5、相对原子质量大于55的金属。从环境污染方面所说的重金属，主要是指汞、镉、铅、铬以及类金属砷。它一旦通过饮水、饮食、呼吸或是直接接触的路径进入人体，就会极大地损坏身体的正常功能。因为重金属不像其他的毒素可以在肝脏分解代谢，然后排出体外，相反，它们极易积存在大脑、肾脏等器官，一旦超标，易引起基因突变，影响细胞遗传，严重时会产生畸胎或诱发癌症。

二、典型重金属对人体的危害

1. 汞

食入后直接沉入肝脏，对大脑视力神经破坏极大。天然水每升水中含0.01mg，就会强烈中毒。含有微量的汞饮用水，长期

食用会引起蓄积性中毒。

2. 铬

会造成四肢麻木，精神异常。

3. 砷

会使皮肤色素沉着，导致异常角质化。

4. 镉

导致高血压，引起心脑血管疾病；破坏骨钙，引起肾功能失调。

5. 铅

是重金属污染中毒性较大的一种，一但进入人体很难排出。直接伤害人的脑细胞，特别是胎儿的神经板，可造成先天大脑沟回浅，智力低下；对老年人造成痴呆、脑死亡等。

6. 钴

能对皮肤有放射性损伤。

7. 钒

伤人的心、肺，导致胆固醇代谢异常。

8. 锑

与砷能使银手饰变成砖红色，对皮肤有放射性损伤。

9. 铊

会使人得多发性神经炎。

10. 锰

超量时会使人甲状腺机能亢进。

11. 锡

与铅是古代巨毒药“鸩”中的重要成分，入腹后凝固成块，坠人至死。

12. 锌

过量时会得锌热病。

13. 铁

是在人体内对氧化有催化作用，但铁过量时会损伤细胞的基本成分，如脂肪酸、蛋白质、核酸等；导致其他微量元素失衡，特别是钙、镁的需求量。

三、耕地重金属污染的现状、危害和防治

1. 我国耕地重金属污染现状

根据环境保护部《全国土壤污染状况调查公报》，耕地土壤点位超标率为19.4%，其中，轻微、轻度、中度和重度污染点位比例分别为13.7%、2.8%、1.8%和1.1%，主要污染物为镉、镍、铜、砷、汞、铅、滴滴涕和多环芳烃。污灌区调查中，在调查的55个污水灌溉区中，有39个存在土壤污染；在1 378个土壤点位中，超标点位占26.4%，主要污染物为镉、砷和多环芳烃。

根据中国地质调查局《中国耕地地球化学调查报告》(2015)，无污染耕地面积12.72亿亩，占调查耕地总面积的91.8%，主要分布在苏浙沪区、东北区、京津冀鲁区、西北区、晋豫区和青藏区，重金属中–重度污染或超标的点位比例占2.5%，覆盖面积3 488万亩，轻微–轻度污染或超标的点位比例占5.7%，覆盖面积7 899万亩。污染或超标耕地主要分布在南方的湘鄂皖赣区、闽粤琼区和西南区。

从2个调查结果可以看出，全国耕地重度污染的比例在2.5%~2.9%，主要污染为重金属污染，根据中国耕地地球化学调查报告》(2015)，耕地重金超标主要原因为地质高背景、成土过程次生富集和人类活动。湘江上游地区、西南岩溶区等重金属超标80%以上由区域地质高背景与成土风化作用引起。人类活动是造成或加剧重金属超标的重要原因。采矿、冶金、电镀等工矿企业“三废”排放以及农业生产中污水灌溉、化肥的不合理

使用、畜禽养殖等人类活动造成或加剧了局部地区耕地重金属污染。

2. 耕地重金属污染的主要来源及危害

一般认为，污水灌溉、涉重金属企业“三废”排放、汽车尾气排放、不合理的农药和肥料使用等，是造成农业土壤重金属污染的主要原因。首先，化工、矿山等行业排放的污水重金属元素含量一般较高，一些矿山在开采中废石和尾矿随意堆放，致使尾矿中难降解的重金属进入土壤或沟渠。污水未经处理而直接灌溉农田常常会造成土壤重金属污染。其次，农药、化肥以及地膜的长期使用，导致耕地土壤重金属元素沉积，部分含有汞、砷、铜、铅等元素的农药，长期使用可以引起重金属污染。此外，汽车尾气和轮胎磨损产生的含有重金属成分的粉尘，通过大气可以沉降到土壤中，在公路的两侧形成较明显的铅、锌、镉等元素的污染带，造成道路两侧耕地的重金属污染。

耕地重金属污染不仅引起土壤的组成、结构和功能的变化，还能抑制农作物根系生长和光合作用，致使作物减产甚至绝收。更严重的是，土壤对污染物具有富集作用，重金属还可能通过食物链迁移到动物、人体内，对动物、人体健康构成严重威胁。

3. 耕地重金属污染的防治与治理

防治与治理耕地重金属污染的首要任务，是控制和消除土壤污染源。对已污染的土壤，采取有效措施清除土壤中的污染物，控制土壤污染物的迁移转化，改善农村生态环境，提高农作物的产量和品质。更重要的是，要加强耕地污染防治的法律制度建设。

加强耕地土壤环境质量状况调查与整顿。针对我国耕地资源的重要地位与现状，建议尽快展开全国农业用地污染源普查，为保护耕地、防治耕地污染提供原始、翔实的资料。在城镇建设规划及工程项目建设时，国土、规划、环保等相关职能部门应切实履行自身职责，把保护耕地质量放在工作的首位。对耕地附近的企业、矿山逐一排查，做好环保论证，使重金属污染企业或矿山与耕地之间保持严格的防护距离。

加大对已遭受污染土地的治理力度。在受重金属轻度污染的土壤中施用抑制剂，可将重金属转化成为难溶的化合物，减少农作物的吸收。常用的抑制剂有石灰、碱性磷酸盐、碳酸盐和硫化物等。例如，在受镉污染的酸性、微酸性土壤中施用石灰或碱性炉灰等，可以使活性镉转化为碳酸盐或氢氧化物等难溶物，改良效果显著。施用磷酸盐类物质也可使重金属镉形成难溶性的磷酸盐。另外，可以种植抗性作物或对某些重金属元素有富集能力的低等植物，用于小面积受污染土壤的净化，如玉米抗镉能力强，马铃薯、甜菜等抗镍能力强等。有些蕨类植物对锌、镉等重金属能形成高浓度富集，也可以有效地降解重金属污染。

大力推广科学种植技术。在耕作中科学、合理地使用化肥、农药及地膜，有效控制耕地污染的源头。通过扩大绿肥种植面积，进行秸秆还田，实现氮、磷、钾3种元素比例均衡，不仅能够提高化肥的利用率，减轻耕地污染，还可显著提高农产品的产量和质量。未来应大力推广高效、低毒、低残留的有机磷和菊酯类农药，积极保护和利用好害虫的天敌资源，应用益鸟、益虫或微生物农药进行生物防治；减少地膜在农田的残留数量及残留时间，在下茬作物耕种前应充分捡拾田间残留的地膜，将废旧地膜回收循环利用，同时，要加大降解地膜和生物膜等新型地膜的研制开发力度。

加强耕地重金属污染防治的法律制度建设。对于耕地重金属污染防治的法制建设，重点应从预防和治理两方面着手，预防方面主要包括不断完善我国现有的耕地环境标准制度、耕地土壤质量检测制度、农业清洁生产制度等；治理方面主要包括建立土壤重金属污染区规划制度、土壤重金属污染法律责任制度以及土壤

重金属污染治理资金保障制度等。这些制度的建立和完善，将对我国耕地重金属污染防治工作的顺利开展起到重要保障作用。

【典型案例】向重金属污染宣战

2016年7月，湖南省湘潭县杨基村的水稻田正结出沉甸甸的稻穗。稍显特别的是，在一片100亩田地旁边的标牌上印有二维码，用手机“扫一扫”，便可以获取土壤中重金属镉含量等数据。

这里是中国第一个针对稻米镉污染区域性协同创新项目的示范基地。通过这些数据的变化，科研人员正在试图“破译”重金属镉从土壤到根茎，再到籽粒的迁移奥秘。

自2013年“湖南镉大米”事件之后，公众谈“镉”色变，耕地重金属污染问题引起全社会广泛关注。时隔3年，记者在湖南等地采访了解到，目前耕地重金属污染治理正在由过去的“单打独斗”，发展为融合多部门、多学科的“协同创新”，一系列新技术、新产品正在应运而生，并且逐步由实验室科研转向大面积推广，一场针对耕地重金属污染的“战争”已悄然打响。

1. 信息战：稻米中的镉到底从哪来

记者了解到，这个针对稻米镉污染的区域性协同创新项目由中国农业科学院于2015年3月启动实施。经过一年多时间，项目从重金属镉污染特征与迁转规律、稻米重金属污染过程防控、末端治理、综合防控技术等4个方面开展研究，采用技术集成、新技术应用与验证示范相结合的方法，取得了不少进展。

一年多以来，项目参与人安毅博士几乎每个月都要来基地一次。他告诉记者，这个项目最大亮点是，它属于“开放式平台”，不论是科研机构还是企业，只要有好的技术和产品，都可以进入。

“稻米中的镉到底是从哪里来的?”项目负责人、农业部环境保护科研监测所研究员刘仲齐认为，长期以来，镉污染研究大多是针对“土、肥、水、种”等不同方面的“单兵作战”，科研人员的说法五花八门。协同创新项目正是要打破不同领域的限制，来共同解决稻米镉污染防控的关键问题。

事实上，“开放式平台”在互联网软件开发上广泛运用，农业领域里却算是新鲜事物。据统计，目前协同创新项目的示范基地已进驻和确定进驻的科研团队有14个，重金属治理的相关企业有9家。

示范基地被划分为6大功能区，科研人员在此进行技术验证、示范、集成和创新。每个功能区的边界种植些蔬菜或作物，形成“植物围墙”，避免交叉影响。

在“技术落地适应区”的50号田，记者看到展板上显示，入驻的企业提供了5种土壤修复材料，包括生物肥料、离子矿化稳定剂、土壤调理剂等。每块小田地分别对应一个“二维码”，研究人员和参观者可以方便地获取有关技术参数。

在耕地重金属治理领域，类似中国农科院这样的协同创新日益成为一种常态。农业专家认为，南方地区重金属污染是一项来源复杂、机理隐蔽、极难治理的“世界性难题”。只有组织跨学科、跨部门的科研力量进行“协同攻关”，才能拿出解决问题的“系统性方案”。

2. 全面战：治理重金属不只是“撒石灰”

尽管耕地重金属污染近年来才引起全社会关注，但相关研究工作至少已有20~30年时间。经过长年的技术积累，加上最近几年国家大力支持，耕地重金属污染治理研究正在进入“全面收获期”。

一是机理研究和技术体系有进展。中国农科院牵头的协同创新项目，一大目标正是要在基础理论有所突破。经过一年多的协同攻关，科研人员发现，重金属镉在水稻体内吸引转运不存在“专用通道”，而是通过“公共汽车”——非选择性阳离子通道，

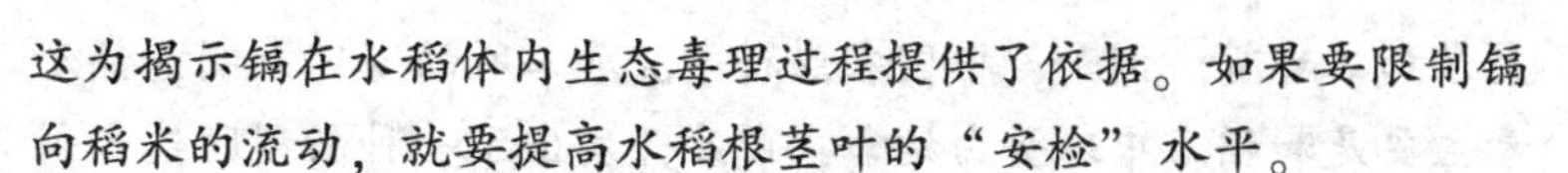

这为揭示镉在水稻体内生态毒理过程提供了依据。如果要限制镉向稻米的流动，就要提高水稻根茎叶的“安检”水平。

湖南省则在技术体系上提出了“VIP”模式，即选种镉低累积水稻品种（Variety）、改革稻田灌溉（Irrigation）模式、调节土壤酸度（pH 值）。湖南省农业资源与环境保护管理站站长尹丽辉介绍，根据 2015 年“达标生产区”“VIP”降镉技术双季稻示范片的统计结果来看，早稻和晚稻的达标率分别提高了 69% 和 37.9%。

二是修复治理新技术和新产品有效果。长期以来，耕地重金属污染治理最普遍的方法就是粗放式的“撒石灰”。现在，越来越多的新技术、新产品涌现，而且一些技术和产品具备了可推广的应用前景。

中国农科院协同创新项目已研发出了多种能有效降低稻米中镉含量的叶面调理剂、微生物制剂和生物炭产品，并正在开展大田试验。例如，科研人员利用从湘潭、湘阴等重金属污染农田中筛选得到的耐镉细菌和植物促生菌混合配伍，能促进水稻生长，同时，降低稻米中的镉含量。

三是低镉品种的筛选推广有前景。中国农科院水稻所的科研人员，对全国 263 份水稻主栽品种进行了检测分析，发现早熟品种镉积累量普遍较低，籼粳杂交稻糙米镉含量普遍较高，粳稻镉积累整体上并不比籼稻低。最终，研究人员筛选出了 10 多份镉积累相对较低的水稻品种。

湖南省农科院水稻所副所长张玉烛介绍，以水稻为主，目前的筛选品种还包括旱粮作物和经济作物，主要在通过国家审定的品种范围内进行，这样有利于直接推广。目前，早中晚稻分别筛选出 4 个表现较为稳定的“应急性低镉积累品种”，另外，还有西瓜、桑树、葡萄和猕猴桃等经济作物。

此外，中国农科院协同创新项目还将重金属污染防控延伸到大米加工环节。例如，中国农业科学院加工所的研究表明，镉元素主要是和稻米中球蛋白结合，由此开发出了一种新型脱镉米制品——脱镉再造米工艺。

3. 人海战

大面积推广应用进行时，参与耕地重金属污染治理研究的科学家明白，即使再“高精尖”的技术，如果成本过高、操作复杂，将不被农民接受，难以复制和推广。因此，科研人员自项目一开始，就以需求为导向，注重实用性。

不少研究成果正逐步从实验室推广到农民的实际生产中。上市公司永清环保在湖南长株潭（长沙、株洲、湘潭）地区开展了总计 6 000 亩的晚稻季农田修复示范。这是湖南省第一次由企业主导如此大规模的农田修复第三方治理。

目前，永清环保 6 000 亩示范项目经过一季的修复，初步取得成功，稻米降镉率达到了 60%。下一步，永清环保将总结重金属污染耕地修复治理经验，力争试点成果能在全国范围内可复制、能推广，真正确保老百姓能吃上“放心粮”。

在湘潭县河口镇双丰村，种粮大户曾建伍从去年早稻开始就采用了与往年不同的耕种方法。尤其是在田间管理时，在相关专家和当地农技人员的指导下，他开始对自己 200 多亩稻田搭配施用阻控剂、有机肥和绿肥。而最大的改变是大量施用石灰以及进行全程淹水管理。“尽管人工成本一年增加了好几千元，但水稻的含镉率降低了 30% 以上。”曾建伍说。

双丰村村支书张国全说，全村处于“管控区”范围，生产的稻谷实行“专仓专储”。因此，在收割之前，县农业局的专家会事先到农户田里进行重金属含量检测，并依据不同等级向农户发放“交粮卡”。粮库依据此卡，在实现“专仓专储”时，还能对稻谷进行溯源。

在距曾建伍的稻田 10km 左右的阜康生态种植公司，不远处

就是某国有大型钢铁企业，这里的1 000亩耕地重金属含量超标1倍以上，已不适合种植食用作物。湘潭县农业局总农艺师扶利民告诉记者，政府通过补贴的方式引进园艺公司，在去年已替代种植上花卉苗木。原先的农民除了能获得每亩每年700~800元的土地流转费，还可以通过在园艺公司打工，获得每天80元左右的工钱。

张玉烛向记者介绍，为了让像曾建伍那样的种粮大户和职业农民尽快掌握相关配套技术，湖南省还安排了专门的培训资金、制作了统一教案。数十名科研院所的专家兵分三路到基层进行培训。“我们首先要培养一批乡镇农技骨干和村里的种粮大户，通过他们的辐射和带头作用，争取在3年时间内让绝大部分农户都掌握栽培技术。”张玉烛说。

4. 战局分析：现阶段仍面临四大困难

中国土壤环境状况总体不容乐观。环境保护部和国土资源部2014年公布的调查数据显示，与“七五”时期相比，镉的含量在全国范围内普遍增加。2014年4月，中国启动重金属污染耕地修复综合治理，并先期在长株潭地区开展170万亩重金属污染耕地首批修复试点。到目前为止，国家已投入数十亿元。

记者了解到，现阶段的耕地重金属污染治理还面临几大困难。

一是部分替代生产区出现了一定程度的反复。尹丽辉说，目前“治理的模式有了，框架有了”，但一定要遵循市场规律和农村实际。例如，一些替代区种植的高粱、玉米由于市场行情不好影响了农民收入，导致农民不愿继续施行替代种植，之后又开始种上水稻。“所以我们考虑是否调整政策，愿意继续替代种植的继续给予资金和技术扶持，不愿意或中断的，能否考虑休耕，或完全按重度污染来治理。”尹丽辉说。

二是地方政府的认识程度不够。记者采访时了解到，对于治理工作，一些地方政府的态度是“上面安排什么就做什么，不安排的绝不主动探索”。有业内人士表示，各地实际情况带来的治理侧重的不同也是“等着上面统一甄别、总体部署”。“现在一些地方没有将主体责任揽在自己身上，认为自己纯粹就是任务的执行者。”

三是市场主体的参与度不够。不少接受采访的专家认为，现阶段还未形成专业化社会化服务组织积极参与治理的局面，通过政府购买服务的方式培育市场主体的机制还未完全建立。大部分综合修复技术等要求较高的措施还是主要依靠单个的农户在实施，导致农户承担了较高的种植结构调整带来的风险。此外，还存在配套支持政策有待完善，修复产品和技术服务采购等环节有待简化，试点资金下拨延迟等问题。

四是科研单位的激励机制不完善。“对于科研机构来说，稳定的支持是最重要的。”中国农科院有关专家表示，目前个别参与团队的经费没有完全明确，不利于协同创新行动的整体推进。他们建议将协同创新任务纳入到各参与研究所的绩效考核体系中，解决好任务与奖励匹配的问题，提高参与科研人员的积极性和主动性。

第四章 美丽乡村建设概述

第一节 美丽乡村建设背景

一、美丽乡村建设的历史背景

从我国历史上看，对农村建设问题的直接关注起始于近代的中国资本主义开始发育时期。晚清政府（1908 年）颁布《城镇乡地方自治章程》和《城镇乡地方自治选举章程》，在农村开展了“乡村治理运动”。民国时期，对农村建设与发展的探索进一步深化，在多个省区均发动了“乡村自治运动”，近代的探索主要侧重于农村政治建设方面。而对农村经济建设、政治建设等予以较为全面的关注，则起始于 20 世纪 50 年代即新中国成立初期。回顾新中国成立以来我国农村发展的历程，大概可分为 3 个阶段。

1. 以粮为纲发展阶段

以粮为纲发展阶段是从解放初期到 1978 年 12 月十一届三中全会以前。20 世纪 50 年代中期我国就提出“农村现代化”的社会主义新农村建设目标，由于当时社会生产力水平低，农民的温饱还难以保障，建设新农村的任务主要是发展农业互助合作社和人民公社、解放和发展农业生产力，解决农民的温饱和社会粮食需求问题。60 年代中期“文化大革命”运动开展，使本身就发展缓慢的农业生产也难免遭到新中国成立以来最严重的挫折而更加停滞不前。

2. 市场化发展阶段

市场化发展阶段是从1978年12月十一届三中全会到2005年10月十六届五中全会以前。改革开放以后，政治上废社建乡(镇)，实行村民委员会管理体制；经济上推行家庭联产承包责任制，体制上突破计划经济模式，发展社会主义市场经济，极大地调动了亿万农民的积极性，农村生产力获得了空前解放，农村各项事业都获得了飞速进步，农村的发展迎来了前所未有的机遇。十五届三中全会高度评价和肯定了农村改革20年来所取得的上述成就和丰富经验，并从经济上、政治上、文化上对“建设中国特色社会主义新农村”的任务提出了要求，新农村建设已经成为一个系统工程。

3. 社会主义新农村建设阶段

社会主义新农村建设阶段是从2005年10月十六届五中全会直到现在。十六届五中全会更加明确具体地提出了社会主义新农村建设的20字方针，即“生产发展、生活宽裕、乡风文明、村容整洁、管理民主”，对新农村建设进行了全面部署。这个时期，我国的经济发展已经基本具备了工业可以反哺农业、城市可以带动农村发展的条件，一方面，国家全面免除了农业四税（农业税、屠宰税、牧业税、农业特产税）和农村“三提五统”（即公积金、公益金和管理费；教育费附加、计划生育费、民政优抚费、民兵训练费、民办交通费等），推行了新农合、农低保、免学费和增加了种粮直补等农村福利政策，推进了农村林权制度改革和农村基层政治改革等。另一方面，国家公共财政逐年加大向“三农”的倾斜，城乡差距逐步缩小，农村逐渐成了城里人羡慕和向往的地方。党的“十七大”进一步提出“要统筹城乡发展，推进社会主义新农村建设”，把农村建设纳入了国家建设的全局，充分体现了全国一盘棋的科学发展思想。党的“十八大”报告更是明确提出：“要努力建设美丽中国，实现中华民族永续发

展”，第一次提出了城乡统筹协调发展共建“美丽中国”的全新概念，随即出台的2013年中央“一号文件”，依据美丽中国的理念第一次提出了要建设“美丽乡村”的奋斗目标，新农村建设以“美丽乡村”建设的提法首次在国家层面明确提出。

二、美丽乡村建设的目标

2013年，农业部下发了《农业部“美丽乡村”创建目标体系》，按照生产、生活、生态“三生”和谐发展的要求，坚持“科学规划、目标引导、试点先行、注重实效”的原则，以政策、人才、科技、组织为支撑，以发展农业生产、改善人居环境、传承生态文化、培育文明新风为途径，构建与资源环境相协调的农村生产生活方式，打造“生态宜居、生产高效、生活美好、人文和谐”的示范典型，形成各具特色的“美丽乡村”发展模式，进一步丰富和提升新农村建设内涵，全面推进现代农业发展、生态文明建设和农村社会管理。

具体来说，目标体系从产业发展、生活舒适、民生和谐、文化传承、支撑保障五个方面设定了20项具体目标，将原则性要求与约束性指标结合起来。如产业形态方面，主导产业明晰，产业集中度高，每个乡村有一到两个主导产业；当地农民（不含外出务工人员）从主导产业中获得的收入占总收入的80%以上。生产方式方面，稳步推进农业技术集成化、劳动过程机械化、生产经营信息化，实现农业基础设施配套完善，标准化生产技术普及率达到90%；土地等自然资源适度规模经营稳步推进；适宜机械化操作的地区（或产业）机械化综合作业率达到90%以上。资源利用方面，资源利用集约高效，农业废弃物循环利用，土地产出率、农业水资源利用率、农药化肥利用率和农膜回收率高于本县域平均水平；秸秆综合利用率达到95%以上，农业投入品包装回收率达到95%以上，人畜粪便处理利用率达到95%以上，病死畜禽无害化处理率达到100%。

三、美丽乡村建设的意义

1. 创建“美丽乡村”是落实党的十八大精神，推进生态文明建设的需要

党的十八大明确提出要“把生态文明建设放在突出位置，融入经济建设、政治建设、文化建设、社会建设各方面和全过程，努力建设美丽中国，实现中华民族永续发展”，确定了建设生态文明的战略任务。农业农村生态文明建设是生态文明建设的重要内容，开展“美丽乡村”创建活动，重点推进生态农业建设、推广节能减排技术、节约和保护农业资源、改善农村人居环境，是落实生态文明建设的重要举措，是在农村地区建设美丽中国的具体行动。

2. 创建“美丽乡村”是加强农业生态环境保护，推进农业农村经济科学发展的需要

近年来农业的快速发展，从一定程度上来说是建立在对土地、水等资源超强开发利用和要素投入过度消耗基础上的，农业乃至农村经济社会发展越来越面临着资源约束趋紧、生态退化严重、环境污染加剧等严峻挑战。开展“美丽乡村”创建，推进农业发展方式转变，加强农业资源环境保护，有效提高农业资源利用率，走资源节约、环境友好的农业发展道路，是发展现代农业的必然要求，是实现农业农村经济可持续发展的必然趋势。

3. 创建“美丽乡村”是改善农村人居环境，提升社会主义新农村建设水平的需要

我国新农村建设取得了令人瞩目的成绩，但总体而言广大农村地区基础设施依然薄弱，人居环境脏乱差现象仍然突出。推进生态人居、生态环境、生态经济和生态文化建设，创建宜居、宜业、宜游的“美丽乡村”，是新农村建设理念、内容和水平的全

面提升，是贯彻落实城乡一体化发展战略的实际步骤。

美丽乡村建设是美丽中国建设的重要组成部分，是全面建成小康社会的重大举措、是在生态文明建设全新理念指导下的一次农村综合变革、是顺应社会发展趋势的升级版的新农村建设。它既秉承和发展了“生产发展、生活宽裕、乡风文明、村容整治、管理民主”的宗旨思路，又顺应和深化了对自然客观规律、市场经济规律、社会发展规律的认识和遵循，使美丽乡村的建设实践更加注重关注生态环境资源的保护和有效利用，更加关注人与自然和谐相处，更加关注农业发展方式转变，更加关注农业功能多样性发展，更加关注农村可持续发展，更加关注保护和传承农业文明。从另一方面来说，“美丽乡村”之美既体现在自然层面，也体现在社会层面。在城镇化快速推进的今天，“美丽乡村”建设对于改造空心村，盘活和重组土地资源，提升农业产业，缩小城乡差距，推进城乡发展一体化也有着重要意义。

第二节　什么是美丽乡村

乡村是与城市相区别的另一种人居环境。山清水秀但贫穷落后的乡村不是美丽乡村，强大富裕但环境污染严重的乡村也不是美丽乡村。那么，什么是美丽乡村，应具有如下方面。

一、舒适的人居环境

乡村的基本属性是人的居住聚集，因此，发挥好基本职能，提高基本职能的吸引力，并使其与城镇、城市在整体方面具有比较优势，在某些方面具有特色差异竞争力，是建设美丽乡村的基本要求。

1. 生态环境优美

当前全国性基本生存环境遭到严重挑战，工业化、城镇化、农业开发、工业生产等活动对农村生态环境也带来一定威胁，保护并改善农村的生态环境，保持天蓝、水绿、气清的自然环境，为居住者提供良好的生存环境是美丽乡村的基本所在，也是美丽乡村的吸引力所在。

2. 基础设施完善

目前，广大农村的基础设施依然薄弱，人居环境脏、乱、差问题亟须治理，尤以农村改厕、路面硬化、排污、垃圾处理等任务为重点，加强农村公共基础设施建设，建立长效的保洁机制，应成为建设美丽乡村的重要内容和必不可少的部分。

3. 公共服务均等

公共服务均等化是乡村文明的重要体现，也是缩小城乡差距的重要标志。让基本公共服务城乡均等化，美丽乡村的建设不仅要整治环境，还要提升农村公共服务水平。完善的科、教、文、卫、体、社会保障服务，能够保障农民安居乐业，助推城乡一体化发展。

二、适度的人口聚集

城市之所以吸引了大量农村人口涌入，是因为城市为他们提供了相较于农村更大的发展平台、更好的生活环境、更多的就业机会。虽然近 10 年来，我国大多地区都完成了新农村建设规划，但事实上农村的吸引力仍然不足，空心村现象依旧突出。新农村不应该是农村建设的终结，而应该进一步创新、提升，在完成基础建设的同时，推进农业提升发展，满足新时期农民的生存、生活、生产需求，提炼独特的乡村文化，吸引有知识、有技术、有能力的人才回到农村。

1. 保有人口居住

农村的基本属性就是满足人口居住聚集，美丽乡村规划当然也不例外，能够吸引人口聚居、提升农村发展活力才是根本。美

丽乡村建设首要重点在于加强中心村和农村新社区建设，确保农村能留得住人居住，能有人居住，体现农村发展为了人。逐步解决和消除空心村、空壳村的存在，没有人居住的形式上的美丽农村都是没有意义的。

2. 人口规模适中

适度的人口规模集中是考量建设美丽乡村的重要内容，人口过大或过少都不利于农村资源的合理化配置。人口集聚的规模是根据人口自身发展规律与其周边产业吸收的人数来决定。同时，以产业为基础，发展现代农业，彰显特色，延伸农业产业链，增强农业吸纳劳动力的能力，避免美丽乡村再次空心。

3. 人口结构合理

目前，我国多数农村变成了留守村，青壮年外出务工且基本很难再回到农村，留守的基本均是妇女儿童和老人，文化知识欠缺、市场意识不足，将严重制约了农村农业的发展。美丽乡村建设如果合理布局村庄布点，改善和优化农村人口结构，避免和消除留守村恶性状况，是解决美丽乡村长远发展的动力之源。

三、新型的居民群体

人的发展与农村发展是相辅相成的，农村基础设施不断完善，农业产业化程度提升，农村居民生活条件逐渐改善，精神文化需求也越来越丰富多样，农村居民群体的素质也随之升高。现在的农民已告别“吃饱穿暖”的年代，他们在物质上的需求更为丰富、精神需求层次不断升高、自我发展意识及职业化需要不断强烈，一个新型的农村居民群体已呈现出来。

1. 一定的文化知识

美丽乡村建设要注重发挥广大农民的主体作用，重视农民文化知识、农民素质及创业创新等方面教育，充分利用各行政村的远程教育平台，着力培育有文化、懂技术、会经营的新型农民，确保农民综合素质、农村经济发展水平与美丽乡村建设的要求能够相匹配。

2. 娴熟的技术技能

随着农村物质需求和精神文明的提升和丰富，留在农村和返回农村的人口将逐渐增加。农村居民整体的技术、技能水平上升，由此带来的个人发展和提升、自我实现的意识渐渐强烈，为农业现代化、产业化发展注入新生力量，推动农业发展壮大，从而吸引更多的返乡人口共同建设美丽乡村。

3. 较高的文明素质

美丽乡村建设不是单纯“涂脂抹粉”，不仅要外貌美，更要内在美、心灵美。农村的内在美主要取决于农村居民的文明素质和意识，即将淳朴的乡风、民间传统文化、现代文明意识等互相融合，形成美丽乡村建设的内在动力，由内在美引导出的外在美才是可持续的美丽。

四、优美的村落风貌

村落风貌最直观的表现就是山、水、田园、农家组成的一幅优美图画，也可以说它是村庄由内而外散发出来的魅力。无论是远观还是置身其中，村落风貌改善绝对是美丽乡村建设的核心任务。美丽乡村建设应积极实施“四化”工程，坚持改善生产生活环境和挖掘内在文化升华乡村形象两手同时抓。尤其对于一些先天禀赋较好，适合发展乡村旅游的村落，更要注重村庄风貌改善、基础设施完善、文化形象塑造、旅游品牌打造和环保氛围营造。

1. 自然生态景观优美

美丽乡村建设必须尊重自然之美，充分彰显山清水秀、鸟语花香的田园风光，体现人与自然和谐相处的美好画卷。因此，美丽乡村建设在逐步渗入现代文明元素的同时，要通过生态修复、

改良和保护等措施，使乡村重现优美的自然景观。精心打造融现代文明、田园风光、乡村风情于一体的魅力乡村。

2. 村落布局形式独具

独具特色的村落布局是美丽乡村建设的重要体现。立足于改变村容村貌，通过规划引导和环境整治，实现道路硬化、路灯亮化、河塘净化、卫生洁化、环境美化、村庄绿化，使村庄布局更加合理、村容村貌更加优美。建筑美观实用，房屋错落有致，立面色彩协调有序，具有明显的地方特色和乡土风情。

3. 街巷建筑特色明显

街巷建筑的好坏直接影响游客的游览兴致和重游率，其规划要与地方文化协调，体现地域特色。对于某些破败不堪的农房政府要给予一定的资金、技术帮助改造，包括建筑的风格、形式、朝向、尺度、墙面以及屋面的色彩等方面；对于具有历史、观赏价值的古建筑要在保护的前提下作为旅游资源加以开发利用。

4. 居民宅院风格独特

美丽乡村建设要通过居民宅院景观的不断提升，改善村落的风貌形象。在景观设置中要注重地域文化元素的注入。例如，居民宅院，可种植高低错落的乔灌花草，增加景观的层次感，营造花园般的景观氛围，烘托乡村文化氛围；村庄入口处对村庄的整体环境引导和识别具有重要作用，要展示鲜明的特色文化。

五、良好的文化传承

随着大规模城镇化进程快速推进，部分地方片面追求城镇化和新农村建设速度，一味追求现代、美观、整齐，对古建筑、古民居进行“改造”，传统建筑风貌、淳朴的人文环境受到不同程度的破坏，农耕文化、传统手工艺、节庆活动、戏曲舞蹈等一些有形无形的文化遗产面临瓦解、失传、消亡的危险。村落是文化的载体，是文化传承和保护的基地。因此，传承和发展优秀文化，对文化遗产进行有效保护和利用，是彰显美丽乡村地方特色、提升美丽乡村内涵的迫切需求。

1. 保护历史文化

美丽乡村不仅是古村落、古建筑、古树名木、历史遗址等的物质文化遗产的保护地，还是人居文化、农耕文化、民俗文化、传统工艺、老手艺、民间技能、民间歌谣、神话传说、戏曲舞蹈等非物质文化遗产的传承地。保护利用历史文化遗产，丰富美丽乡村内涵，让美丽乡村建设发展具有持续活力、独特魅力、强大引力。

2. 传承民风民俗

美丽乡村建设不仅要突出物质空间的布局与设计，同时，必须嫁接生态文化、传承民风民俗，将孝廉、农耕、书画、饮食、休闲、养生等文化融入到美丽乡村建设之中，提升建设的内涵和品质，满足老百姓的文化需求，丰富老百姓的精神生活，使美丽乡村真正成为老百姓的精神家园和生活乐园。

3. 彰显精神文明

乡村外在美的创造与维护要靠农民素质的提升和精神文明的进步。为此，一定要重视精神文明建设，培养农民正确的价值取向和行为习惯，不断提升农民的整体素质。要注重乡村生活和生产方式的整体性安排，从物质和精神两个方面都让农村的面貌焕然一新，让田园城市和美丽乡村相得益彰。

六、鲜明的特色模式

与城市相比，农村具有独特的建筑类型、居住形式，有深厚的农村文化、地域文化、庭院文化，有优美的自然环境和生态环境。美丽乡村是农村鲜明特色的具体化、形象化的体现，建设美丽乡村是深入挖掘农村特色、亮点，充分发挥农村的地域特色、文化特色、生态优势、产业特色等优势，并通过环境整治、农业

拓展、文化休闲、生态旅游、产业提升等途径，形成特色鲜明的农村发展模式。

1. 发展模式独具体系

根据各地农村的经济发展、自然环境、资源特色、地域特色等，农业部发布了中国“美丽乡村”十大发展模式。每种模式分别代表某一类型乡村各自的自然禀赋，经济发展水平、产业发展特点以及民俗文化传承等开展美丽乡村的有益启示。

2. 建设模式科学合理

美丽乡村是山水田林自然风貌得到保护、历史文化得到传承、建筑特色得到彰显、村容村貌得到改善、农业功能得到拓展、特色农业得到壮大、乡风文明得到弘扬、平原地区田园风光更秀美、丘陵山区更具山地风貌、靠水沿湖区凸显水乡风韵、高原地区体现高原特征的特色更鲜明，按照因地制宜、因村而异、借力发力、特色优先的原则，形成科学合理的建设模式。

3. 治理模式探索创新

美丽乡村，不仅美在自然，更美在和谐，而探索创新乡村治理模式是促进农村和谐的重要手段。保障农民主体地位是建设美丽乡村的基本点，要增加广大农民群众在基层管理和建设上的参与度，广泛发动农村群众在建设家园方面的积极性。首先，要组织党员干部进行法治培训教育，推动农村党组织向便民服务型转变；其次，要鼓励建立农村社会组织、村民小组，共同参与农村社会事业建设和社会管理服务。

七、持续的发展体系

开展美丽乡村建设是解决“三农”问题的最佳途径。无论是新型农民群体、农村建设及农业发展，还是农村生态环境保护、民生问题，归根结底都是可持续发展的问题。美丽乡村建设，必须为农村建立一套可持续发展的体系，既能让农村环境持续美丽，又能指引农业提升发展，传承传统文化，保证农民收入持续稳定增长，从而体现美丽乡村建设的本质。

1. 坚实的产业循环支撑

“美丽乡村”建设的根基在于产业的发展，要使乡村永久美丽，就需要持续推动产业循环支撑，尤其是推动现代农业产业化程度不断提高，同时要在资源优势和基础条件之上，以市场为导向，以效率为中心，带动农业产业结构的调整。积极发展观光休闲农业，因地制宜大力发展乡村旅游业，扩大产业链，形成规模效应，为美丽乡村的繁荣奠定坚实的基础。

2. 稳定的居民增收渠道

建设美丽乡村是促进农民增收持续改善民生的重要途径。美丽乡村建设，一方面，通过发挥农村的生态资源、人文积淀、块状经济等优势，积极创造农民就业机会，加快发展农村休闲旅游等第三产业，拓宽农民增收渠道；另一方面，通过完善道路交通、医疗教育等基础设施配套，全面改善农村人居环境，着力提升基本公共服务水平，解决民生问题。

3. 合理的集体经济规模

发展壮大村级集体经济，是统筹城乡发展、建设美丽乡村的重要保证，是加强基层组织建设，夯实农村执政基础的现实需要，是实现农村经济社会持续健康协调发展的必然要求。美丽乡村建设中，要大力发展村级集体经济，以集体经济为支撑，不断加大投入，推进美丽乡村建设进程，进一步改善村民的生产生活条件，让广大农民群众真正感受到美丽乡村建设带来的实惠。

4. 良性的建设投入机制

美丽乡村建设在不断加大财政支持力度的同时，要积极探索美丽乡村建设投入体制机制创新，并以宅基地使用权竞价竞拍为突破口，努力推动农村生产要素改革，进一步激活农村资

源与市场潜力，初步形成政府主导、多元投入的美丽乡村建设新格局。通过投入机制创新，农村的不动产成功转化为资产，资产转化为资本，资本转化为资金，资金最终变成为公益设施，形成投资、建设与发展的良性循环，激发农村资源与市场潜力的释放。

第三节　美丽乡村建设的动力

一、美丽乡村建设的外在动力

1. 政策驱动

“城市搞得再漂亮，没有农村这一稳定的基础是不行的。”我国领导人一直很关心乡村问题。从毛泽东确立以农业为基础，邓小平强调“农业是根本”，直至江泽民提出“统筹城乡发展”战略。2006年的中共中央“1号文件”正式提出，全面推进农村经济、政治、文化、社会发展的新农村建设，新农村建设以“生产发展、生活宽裕、乡风文明、村容整洁、管理民主”为要求，以经济繁荣、设施完善、环境优美、文明和谐为目标。到党的十八大召开时，新农村建设探索得到升华。党的十八大报告指出：“把生态文明建设放在突出地位，融入经济建设、政治建设、文化建设、社会建设各方面和全过程，努力建设美丽中国，实现中华民族永续发展。”各地政府工作报告中也提出了建设美丽乡村的要求。

2. 城市化驱动

随着城市化、信息化的快速发展，越来越多的信息通过多媒体、互联网传达到乡村并被村民所认知、接受。如返乡农民工带来大量的信息和资金，要求改变自己在乡村的住房条件，其住房的建造多带有城市建筑风格。为了加强乡村到达城市的通达度，交通道路基础设施得到不断完善，为美丽乡村的建设提供了更加便利的条件。

二、美丽乡村建设的内在动力

1. 村民对美丽家园的渴望

随着生活水平的不断提高，农民群众对完善的公共设施、整洁的生活环境、便捷的出行条件、高标准的生活质量，都有着强烈的追求。农民是村庄的主人，也是美丽乡村建设的参与者、受益者。美丽乡村建设是农村面貌的改造提升。它在改变农村面貌的同时，使老百姓的人文环境也发生了巨大的变化。村美了，人富了，村民的精神面貌也就随之而得到了改善。

2. 经济驱动

改革开放以来，乡村经济得到不断发展，村民的收入水平不断提高，为村民满足需要，建设美丽乡村提供了物质基础。村民只有解决了最基本的生活需求，才能有建设美丽乡村的动力。

3. 文化驱动

城市功利主义、金钱主义思想给乡村文化带来了很大的破坏，传统的乡村文化正在一点点消失。中国传承了几千年的文化主要是乡村文化，如果没有乡村，会使人缺少一种只能在乡村情境下发生的情感。如果没有乡村，有些诗词我们便无法深刻理解与感知。所以，如果不对乡村文化进行保护，就有可能忘记自己祖先留下的宝贵遗产。只有传承弘扬优秀的历史文化，才能更好地实现中华民族的伟大复兴。另外，传统乡村文化中的离土不离乡，“生于斯，死于斯”的思想都促使村民进行美丽乡村建设。

4. 技术驱动

美丽乡村建设不是盲目的，但凡被认为美丽的乡村都有较好的规划，否则，就会给人带来很凌乱的感觉。另外，美丽乡村的

建设需要有优美的自然环境，而农业化肥污染、养殖场排污的污染、村民日常生活污染等，都给环境带来影响。解决污染问题就需要发展绿色农业、循环经济和低碳经济。

第四节　美丽乡村建设的措施

一、健全工作机构，完善工作班子

根据县或乡各部门的职责进行分工，可分别设立综合、规划建设、环境整治、绿化美化、产业发展、社区建设、文明乡风等工作组，按目标要求，组织力量，做好业务指导和任务落实。各个村成立项目部和理事会。项目部具体落实群众工作、工程实施、技术保障等工作；理事会参与群众发动、项目监督等工作。

二、抓好规划编制，制定支持政策

通过政策支持和服务指导，推动乡（镇）、行政村编制村庄建设规划，建立完善支持政策。制定“以奖代补”的普惠政策，加大对农村基础设施、产业发展、村庄规划、环境改善、村容整治和文化教育卫生、社会保障等公益性项目的政策支持。制定出台支持重大公益性事业的重点补助政策和试点示范的扶持政策以及激励奖励先进的政策。

三、整合项目资源，统筹协调推进

构建统筹各类资源、加大投入、以城带乡、以工哺农、服务下移的制度，形成一个齐抓共管、互动联动、整合资源、长久持续的工作机制。对各级各部门所有投向“三农”的资金，按照“资金跟着项目走、统一规划、相对集中、性质不变、渠道不乱、各司其职、各记其功、集中财力办大事”的原则，统筹协调项目资金，形成协调一致、整合资源、合力共为的项目统筹机制。着重整合相关部门的项目资金与支持政策，促进美丽乡村建设取得整体效果。

四、做好挂钩帮扶工作，发动社会广泛参与

安排农村工作领导小组成员单位挂钩帮扶，在项目建设、资金安排、政策服务等方面做好沟通协调，搭建城市和社会资源输向农村的桥梁。组织城乡互动、村企共建、乡贤资助、农民互助，构建项目、资金输入通道和产品输出桥梁。引导省、市级农业产业化龙头企业与乡村结对联动共建。

五、发挥农民主体作用，建立长效持续机制

加强宣传发动，力促农民主体到位。全面发动、精心组织农民，充分调动农民的积极性、主动性、创造性，加强骨干农民的培训教育，引导村级组建理事会，在促进生产、维护稳定、卫生保洁、公共设施管护等方面发挥作用。形成各村由美丽乡村建设理事会牵头、组织、实施的运作机制。建立村镇社区卫生保洁机制和农村公共设施的管护机制。

六、服务指导，示范带动

重点做好工程技术方面的服务指导。邀请相关领导、专家到村调研指导。相关部门组织业务骨干进行重点服务指导，指导相关项目建设尽快启动，规范实施，早出成效。在整体规划、全面部署的基础上，市级、县级在重要窗口地区，集中打造一批示范村，围绕探索路子、创造经验、创新制度、建立机制的要求，发挥优势，改革创新，突出特色，探索农村建设新路子，尽快出经验，出办法，出成果。

七、检查督促，考核评比

上级领导和相关部门要对建设项目实施情况进行检查、督导，对建设重点工作推进情况，特别是扶持项目落实情况进行督察。每年组织1~2次的项目进展情况进行现场点评，互相学习交流，相互促进提升。适时进行考评，推进各项重点工作落实到位。每年评选一批“最美乡村”（或美丽乡村精品），予以授牌，并给予当选村资金奖励，逐步推动各地积极创建美丽乡村。

第五章　美丽乡村的发展模式

第一节　美丽乡村的村庄类型

村庄类型一般划分为城中村、城边村、典型村以及边缘村四类。

一、城中村

1. 涵盖范围

城中村是指位于城（镇）规划范围内的村庄。近年来，随着城市化进程的加快，城（镇）建设用地不断向四周扩张，城（镇）范围进一步扩大，农民土地被征用，将原本属于临近村庄的用地划入城（镇）中，成为城（镇）中的村庄，这就是所谓的城（镇）中村。

这类村庄因位于城（镇）区内，本身位于经济辐射的中心地带，因此具有一些其他村庄所没有的便利条件，如某些城（镇）设施的共享等，但同时，又相应的存在一些不利因素。

2. 自身优劣势分析

城（镇）中村现象，是我国城市化过程中特有的城市形态，是城市建设急剧扩张与城市管理体制改革相对滞后造成的特殊现象。

（1）发展优势。城（镇）中村因位于城市之中，在应用城市设施方面具有很大的便利性，例如，公园绿地，给水、排水、医疗等设施的共享，这些地区的村民基本没有固定工作，每月通

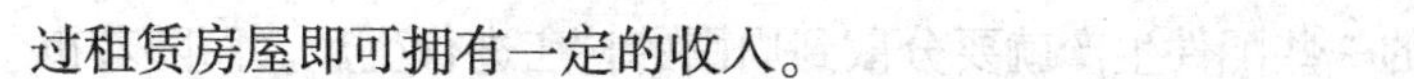

过租赁房屋即可拥有一定的收入。

(2) 发展劣势。村庄的建设用地，并未被划为城（镇）用地，这在某种程度上阻碍了城（镇）发展，同时，其建筑一般由非正规建筑队施工，质量没有保证。另外，村庄内基础设施建设滞后，外来人员居住较多，环境质量状况不容乐观，这些都影响了城（镇）的整体生态景观。

3. 建设目标及建议

村庄用地通过置换进行小区集中性建设，注意小区内部环境与配套生态设施（如中水节能设施）的建设。置换出的用地进行城（镇）建设尤其是应注意与周围生态小环境的改善。

二、城边村

1. 涵盖范围

城边村是指位于城郊区，即位于城（镇）强辐射区的周边村庄。在每个市（镇）区周围都分布着数量不等、规模不同的村庄，这些村庄与其依附的城（镇）市存在着千丝万缕的联系，但对他们的规划与开发建设相对滞后，具体表现在规划水平不高、规划雷同、建设发展无特色等方面。

2. 自身优劣势分析

(1) 优势分析。

①靠近市（镇）区，有便利的交通条件：村庄与市（镇）区之间在区位上比较接近，远的不过数千米，近的则不过几百米，甚至有些已经与市（镇）区连在一起，它们与市（镇）区之间更容易产生各种各样的联系，无论是发展经济还是进行村庄建设以及信息的获得、交通的便利等，都是远离市（镇）区的村庄所无法比拟的。

②便于接受市（镇）区的经济辐射：市（镇）区是一定区域内的经济中心，因此都存在一定数量规模的企业，这些企业所

需要的一些配件生产就要分散到周围的村庄进行生产。而随着市（镇）区建设用地的日益紧张，越来越多的房地产项目也迁移到郊区的村庄，带来大量的消费人流。

③充沛的环境资源和生态资源：一般而言，村庄的城镇化程度不高，自然环境比较优越。近年来，随着国际社会对绿色消费、生态城市的重视，生态资源显得越来越宝贵和稀缺，城郊村庄拥有的生态资源不像偏远村庄那样难以开发，所以，价值更高。

④易于利用人文资源：因为交通便利，城郊的村庄可以很好地利用城市里大专院校、科研机构的专家和人才资源，专家可以随时来授课、指导，而很多高校的毕业生也乐意来城郊的村庄工作或生活。如此便为村庄的发展注入了科技动力。

（2）劣势分析。

①富余劳动力多：距离城市越近的地区人口密度越大，相应地出现了人多地少、劳动力富余的现象。人多地少，这在改革开放之后是个普遍现象，在城郊村庄中表现得尤为突出。

②人口构成复杂：城郊村庄一般来说经济比较发达，具有一定的吸引力，因此，不少村庄富余劳动力就自发来到城郊村庄务工经商。除务工经商人员之外，城郊村庄还有城市里无房户或者在城市工作而租住在城郊村庄的人员等。

③建设用地剧增，人均耕地锐减：伴随着国民经济和各项社会事业的蓬勃发展、人口数量的不断增加和居住条件的日益改善，人均占有耕地急剧减少，人地关系日趋恶化。村庄扩建，蚕食邻近良田。村庄建筑占用的土地有相当一部分是属于经长期耕种而熟化的良田。因此，村庄扩建占地不只是一个数量概念，而且还是一个质量问题，这也是造成全国各地耕地质量普遍下降的重要原因之一。

3. 建设目标及建议

（1）尽量利用市区的便利基础设施，依托市（镇）区进行自身的建设，在用地布局及功能分区方面要与市区形成有机衔接。

（2）应充分利用便利的交通条件，发展有利于村庄的生态产业，促进村庄居民收入的增加。

（3）社会文化设施要放在重要的地位来考虑，在规划用地布局上予以合理安排，注意体育设施的布置。小绿地、小游园、文化广场都是陶冶情操、交流感情、休闲的场所，均应予以全面考虑。

（4）立足自身特色，发展特色产业。每个村庄都有自己独特的地域特色和独有的资源，如何充分合理利用自身资源、发展特色产业是村庄发展的根本。

（5）生态优先，注重可持续发展。村庄一般都有较城市更为良好的生态环境，所以，在开发中要特别注意景观生态学思想的应用，理性开发利用土地，走可持续发展的道路。

（6）生态整体网络的建立。城镇与城郊之间属于城乡过渡地带，城郊村的农业用地相对于城镇来说具有更好的也是更直接的生态环境空间网络的完善作用，因此，应处理好农业用地生境与城镇环境之间的生态和谐，同时，应注意整体生态网络系统的完善。

4. 村庄生态建设模式

这种村庄模式进行生态分区时，可分为 3 个部分：居住区、观光休闲产业区和农业区。其中，观光休闲产业区以小型教育、休闲产业为主，主要服务对象为所属城镇居民。农业应考虑到村庄农业用地较少，以种植经济作物为主，服务对象主要为城镇居民，同时会注意农业用地与城镇景观之间网络体系的建立。设施配置方面主要考虑与城镇的共享，节约经济资金的投入。

三、典型村

1. 适用范围

介于城郊生态村与边远地区生态村之间，这类村庄在村庄里所占数量较多。

2. 优劣势分析

(1) 优势分析。考虑到这类村庄距城郊较近，针对城郊村的匮乏资源具有一定的后备补充能力，如大规模的养殖业供应方面等。

(2) 劣势分析。

①发展目标盲目，环境污染问题逐渐加剧：一方面，由于传统社会结构单一化和原始落后的社区观念未能适应当前的经济发展需要，以致社区缺乏统一的社会经济发展目标和发展动力，一些中小城镇在其城镇总体规划或城镇体系规划中虽然有所涉及，但也只能是有心无力，此外，优先发展中心城镇等现行诸多政策也使这些地区短期内无法制定有效的发展目标。另一方面，众多村庄在近期发展中过于注重短期利益所带来的好处，而忽视了对环境的保护，逐渐出现了大气污染、水质恶化等环境问题，原因主要在于只注重设立新的工业企业，而忽视了对环境造成的负面影响和破坏后的治理等方面的问题。

②基础设施较差：村里基础设施配置简单，设施陈旧，与生活有关的基础设施十分落后，如电网老旧、电压不稳、电价贵；没有完善的排水系统；大部分地区没有自来水，吃水一般靠自家的水井或是挑水来用，甚至有些地方饮用水水质都达不到国家最低要求；交通、信息状况较差，这些都急待完善，都在很大程度上限制了村庄生活水平的提高。

③村庄用地布局混乱：因为长期缺乏村庄规划设计，村庄整体布局采用村审批的办法进行，对于工业用地从来不考虑工业对

周围环境的影响，出现了工业用地与其他用地相穿插的现象，这在一定程度上影响了村庄的发展，同时，也对村庄产生一定的环境污染问题。

3. 建议与目标

为了提高村庄的经济竞争力，对上述这类村庄可进行适当的合并。规划时应注意村中各项功能用地的生态布局，对村庄建设用地进行适当集中，从而节约各项设施的资金投入力度。根据本村特色产业可进行生态产业定位，适度发展小型旅游景区。另外，也应注意在原有产业链的基础上进行产业链的完善，使村庄基本达到零污染。在设施配置方面，这类村庄要求配置比较完善。

具体做法如下。

（1）适时调整行政区划，合理合并自然村落。通过适时调整乡村行政区划、合理进行迁村并点来增强集聚效应和提高规模效益，从而为村庄经济和社会发展节约土地资源。

（2）完善村中基础设施。尤其是通往城镇的道路交通的完善，为村庄经济发展打下坚实基础。完善村中的环卫处理设施，尤其是垃圾处理场。

（3）完善村中产业布局。尤其是针对城镇资源匮乏的产业。

（4）村庄生态环境的完善。对村中产业发展应以无污染产业为主，针对一些确有需要的污染性产业也要进行生态环境评估，注意经济与环境之间的和谐。

4. 村庄生态建设模式

村庄在进行功能分区时，从大的方面可分为 3 个部分，即居住区、生态产业区和农业区其中生态产业主要结合本村实际情况设置，考虑村庄远离城镇，因此，发展产业应以品牌、专业取胜，服务对象为相邻省份，甚至全国。农业区主要以种植农产品为主。

四、边缘村

1. 适用范围

边缘村是指位于城镇的边缘地区，也可以说是位于两个城镇交界处的村庄。这类村庄因为经济落后，与外界联系较少而保留了以前很多的优良传统，且环境景观良好。这类村庄往往处于山区、平原、河谷、盆地等地区，这些地区往往由于自身发展经济状况和环境等外部条件的制约而发展艰难。

这些村庄因为没有什么产业发展，外出打工人员较多，造成本村人口资源流失严重，同时，因为村庄建设的无序性，土地资源浪费情况在这些地区尤其严重，但这类村庄生态环境状况保存良好。

2. 自身优劣势分析

(1) 劣势分析。

①边远地区村庄的特殊情况：因与其外界联系极度缺乏，而且信息闭塞甚至有些行政村通往乡（镇）的道路为泥泞土路，到乡（镇）只能采用步行的方式。同时，村庄居民的主要活动区域和场所仅局限于附近几个同等经济状况的村庄，与外界缺乏有机联系性，因此，同质性较强，缺乏能流、信息流之间的有效移动。

②人口流失情况严重：因村子所处地理位置受到周围环境极大地影响，村民生活环境基本处于比较原始的方式：肩挑、手提、人牛拉犁……有的山区连人走路都要手脚并用，就更不用提现代化设施的完善了，这导致了大量的人流外出打工或外迁，从而使村中居民进一步减少。

③建设资金筹措困难，缺少相应的体制保障：发展资金问题是限制边远地区村庄发展的重要因素。边远地区村庄发展的必备条件是不可能靠少数人或政府的资助来得到根本解决的。交通及

社会服务设施等基础建设均需要大量资金，而没有合理的资金分配制度和正确的市场策略是难以保证的。从中央到地方政府都无力长期承担数量巨大的村庄社区所需的配套发展资金，只能发动社区自身的力量和依靠政府的协调来达到筹措资金的目标。因而，只能建立合理的实施资金循环体制才能从根本上解决资金困难问题。

④土地资源浪费严重：在边缘村，村庄建筑面积一般超过国家规定标准，且布局分散，导致村中大量的农业用地变为村庄建设用地或者被荒芜下来。

（2）优势分析。

①生态环境状况整体良好：边缘村因为地理位置特殊，村庄基本没有污染性产业，即使存在数量也极少，其污染程度也远远小于自然环境的净化能力，因此，这些地区往往保存有价值极高的自然生态环境。这些地区往往具有生物的多样性，这在城市里以及其他类型的村庄极为少见。

②具有保存价值较高的人文景观：边远地区因所处地理位置关系，长久以来与外界缺乏联系，尤其不容易遭受到历史的变迁、战争的洗礼，因此，保存状况良好。例如，位于山西省五台县豆村的佛光寺，即为我国唐代木构建筑。

③具有民俗风情特色：边远地区村庄长久以来因与外界接触较少，所以村里的民情风俗几乎不受外界影响。

3. 建议与目标

（1）完善村中基础设施的配置。对村中一些陈旧的基础设施进行完善，同时，要处理好和外界联系道路的完善。

（2）主导产业以发展旅游业为主。借助村中特色环境可开发自然探险游、民俗风情游、人文景观游等特色旅游产业，这是美丽乡村发展的主要出路。

4. 村庄生态建设模式

边缘村功能分区共分 4 个区：居住区、文化民俗旅游区、生态产业区、农业区。这类地区因地处偏僻，与外界联系较少，具有很多传统特色的建筑或技术得以传承，同时，还拥有较传统的民俗风情，因此，可面向全国发展民俗文化旅游。生态产业可依托旅游业进行发展。农业区种植以农产品为主。

第二节　美丽乡村的建设内容

美丽乡村建设内容应把握住生态人居、生态产业、生态环境和生态文化等 4 个方面。

一、生态人居

美丽乡村的生态人居环境包含两个层次，即住宅环境和村落环境，住宅（包括住房和庭院）环境是私人活动空间，也是居民主要的生活环境，具有私密性；村落环境是公共活动空间，具有开放性。规划的目标是实现人与自然的和谐，营造人性化、生态化的人居环境。

二、生态产业

美丽乡村的生态产业规划就是在区域生态经济发展布局的背景下，结合当地的自然资源条件和社会经济条件，在发展生态农业的基础上，在产业部门等各系统之间进行横向联合，延长产业链，逐步发展生态旅游业，有条件的地方建设生态工业园区，实现区域社会经济的生态化发展，在生态新农村的大系统内实现物质循环、能量多级利用、有毒有害物质的有效控制，对外废弃物“零排放”。按照江西目前发展的现实情况，生态新农村中生态产业的发展多数以生态农业和生态旅游为主。

三、生态环境

良好的生态环境是生态新农村建设的必要条件。生态新农村的生态环境规划可分为两个方面，一是自然生态的规划与保护；二是农业生态环境规划与保护。

四、生态文化

生态文化是反映人与自然、社会与自然之间的和谐相处、共同发展的一种文化，只有把生态文化植于现实文化系统中，并化为生态新农村居民自觉的实践行动，生态新农村的理想才会变成现实。

第三节　美丽乡村的典型模式

我国美丽乡村建设主要有十大发展模式，即产业发展型、生态保护型、城郊集约型、社会综治型、文化传承型、渔业开发型、草原牧场型、环境整治型、休闲旅游型、高效农业型。这些发展模式能够为美丽乡村建设提供范本和借鉴。

一、产业发展型模式

主要在东部沿海等经济相对发达地区，其特点是产业优势和特色明显，农民专业合作社、龙头企业发展基础好，产业化水平高，初步形成“一村一品”“一乡一业”，实现了农业生产聚集、农业规模经营，农业产业链条不断延伸，产业带动效果明显。

【典型案例】江苏省张家港市南丰镇永联村

永联村是江苏省乡村发展最具代表的乡村之一。它地处长江边，在 10.5km^2 的村域内，河网密布，小桥流水、亭台楼榭相映成趣，景色秀美怡人，呈现给大家的是一幅“小镇水乡、现代农庄、花园工厂、文明风尚”的美丽画卷，成就了苏南模式。为集约利用土地，进行现代化、机械化生产，改善村民生活和环境，永联投资15亿元，建起的现代化农民集中居住区—永联小镇集居住饮食、娱乐休闲、文教卫生等功能于一体，是一个综合性、现代化、高标准的人文居住区。村里建设的“苏州江南农耕文化园”为张家港唯一一家四星级乡村旅游区，更是以其特色和魅力吸引游客30万人以上，被江苏省命名为最美乡村，同时，也是农业部“美丽乡村创建”十大示范模式之一（图5-1）。

图5-1　永联村

在全面推进美丽乡村建设中，永联村探索形成了“四美”标准，即围绕“产业发展美、群众生活美、心灵素质美、生态环境美”制定了4个总体目标和26个具体目标，并以此为抓手建设社会主义现代化新农村。

1. 共建共享诠释共同富裕之美

如今，“4 个 96%”的数据让永联成为一根全国标杆：96%的村民实现了城镇化集中居住，96%的土地实现了集中流转，96%的劳动力实现了就地就业、离土不离乡，96%的农民享受到比一般城里人都优越的福利和社保。

这一切得益于永联村党委书记吴栋材和永联村坚持的共建共享的发展理念。

36 年来，吴栋材带领全村老百姓搞副业、办钢厂，做精科技农业，发展乡村旅游，踏准农村改革发展的每一个节拍，走出了一条村强民富的发展道路。

期间，吴栋材心中一直深埋着一个信念：永联要走共同富裕的路。他说：“永联今天的发展成绩是全体村民吃尽千辛万苦共同取得的。共建就要共享，我理解社会主义的本质就是共同富裕，这也是我们永联始终坚持的根本追求。”

20 世纪 90 年代苏南乡镇企业改制，吴栋材顶住各方压力，在永钢集团为永联村保留了 25%的集体股权。

这一留，留下了永联村雄厚的集体经济基础。目前，全体村民集体持有的 25%股份效益在不断放大。有了永钢集团这棵“摇钱树”，永联村在村民增收上年年有大幅提高。

“有了 25%的资本纽带，农民对这片土地上的发展成果享受权就不会割断，这就形成了集体经济与农民持续共享资源增值收益的长效机制。”吴栋材说，不管未来永钢性质怎么变，这 25%将始终为永联村创造效益。这一机制，使村与企的目标合一，发展集体企业是手段，富民强村是目标。

“进了永联门就是永联人”，福利待遇上不搞三六九等。这些年，永联村通过并队扩村，人口已从最初 800 多人发展到现在的 1 万余人。但在福利分配上，永联村既不忘记老村民，也不亏待新村民，坚定地走共建共享道路。

永联村先后合并了5个行政村，从来没有因为待遇问题而出现“并村不并心”的现象，相反，老永联人渐渐转变观念，视并村为发展机遇，而不少新并进来的村民则以身为永联人而自豪。

目前，全村10 528名新老永联人都能同等享受到生活补助费、养老金、助学金、农转城补助、老党员费、尊老金、助残金等11项福利保障。仅此一项，村里每年支出就有8 000多万元。

2. 素质提升诠释文明之美

在永联小镇上有这样一条小街，沿街的18间门面，是专门为永联村的老百姓提供各种便民服务。2012年7月，村里投资100万元建成了这条长达200m的爱心互助街，开出了“红领巾驿站”“爱心超市”“亲情浴室”等18个服务场所。

与普通的商业街区不同，这条街上的18个“招牌店”全部“亏本”经营，街上商品以低于成本价卖给低保户、孤寡老人、残疾人等特定人群，亏本部分由村集体补贴，而工作人员则全部是不拿工资的志愿者。为了让爱心互助街长久运行，村里还设立了“为民基金会”接受大家的捐赠。

“爱心互助街刚建成时，都是专业的志愿者为村民服务，现在很多村民都加入了志愿者队伍，给其他村民提供力所能及的帮助，像红领巾驿站的‘四点半课堂’，就是村里退休老教师，天天给双职工家庭的孩子们辅导功课。”主管爱心互助街志愿者队伍建设的曹禹说，目前，人口仅1万多人的永联村，志愿者数量就达到了1 600多人，比例高达16%。在志愿精神的感染和鼓励下，越来越多的志愿者进入爱心互助街，永联村上下正逐渐形成一个日臻成熟的互助网络。

如今，爱心互助街已经成为永联村精神文明建设的一个重要载体。在这里，村民们在奉献爱心中，不断提升自己的道德素养。

开设爱心互助街，体现了吴栋材的良苦用心。他说，现代化不仅意味着经济发展、群众富裕，更是社会进步和人的全面发展。现在永联的硬件建设基本到位了，关键是老百姓的文明素质还要跟上，还有很长的路要走。

从2005年开始，村里陆续建成了图书馆、社区服务中心、文化活动中心等文化场所，总投入7 000多万元（图5-2）。

图5-2　永联图书馆

每天一到午后时分，永联戏楼都会上演一出当地村民爱看的锡剧，戏楼里场场座无虚席。国家京剧院、朝鲜杂技团、韩国木兰剧团等顶级艺术团体都曾来永联演出，提高村民的文化层次。

永联还创造性地设立“文明家庭奖”，每个文明家庭每年奖励1 000元，以“奖文明”来提升“讲文明”。现在永联村里看不到游手好闲的，看不到搓麻将赌钱的，更没有打架斗殴的，几乎每户都是文明家庭。

提升老百姓文明素质，永联还有个议事厅。永联村的“村民议事厅”，造型现代，宽敞明亮，200 多个座位围成了半圆形，大厅中间设有发言席。每逢村民代表开会议事时，村民可以来二楼旁听观摩，外墙上的电子大屏幕作现场直播。

建这样一个村民议事厅，把基层民主变成看得见摸得着的东西。吴栋材说，议事厅借鉴了欧洲的议会，村民代表和村干部围坐在环形会议厅，没有职位高低之分，大家都有权发表自己的意见。议事厅要建成开放式的，设几百个旁听席，村民也可以坐在那里听取或提出意见。如今在永联，只要是涉及村民利益的事，都要来这里由大家议一议，七嘴八舌讨论出个方案，潜移默化中也培养了村民的治理能力。

3. 守住农耕诠释乡村之美

“鼠标成农具，田头进镜头”。在永联现代粮食基地，由于“三精农业管理体系”的应用，彻底颠覆了传统的种田方式。记者看到，在基地的控制中心里，工作人员只需轻点鼠标，就可以对农作物的生长环境进行实时监控，对田间数据进行采集分析，并实施精准化灌溉、施肥。“我们是在玩真实版‘开心农场’。”粮食基地农技师徐俊才笑着说。

永联靠工业富，但始终没忘农业这个“本”。永联村高起点发展规模化、集约化、信息化的现代高效农业，打造出一个农业现代化的样本。村民 8 000 多亩耕地的承包经营权统一流转到村土地股份合作社，全村成立 5 家农业公司，分别经营苗木、花卉、粮食基地，特种水产养殖场和江南农耕文化园，农业正式工只需 100 多人。

“我们希望，人们来到永联看到的是能体现数千年文明史的江南乡村，而不仅仅是一个工业基地。”永联村党委副书记吴惠芳认为，发达国家在实现城市化以后，不但没有消灭农业和农村，相反还要加大投入、花大力气发展农业。“苏南土地资源紧

张，但在城市化过程中，作为农民的‘根’，农业不能中断，不能在江南土地上生出欧洲面孔。”

走进永联“江南农耕文化园”，一幅江南水乡美景跃入眼帘，园内九大功能区处处体现了农耕味道。除了旅游功能，农耕文化园还为永联村留下一条文化传承的根脉（图 5-3）。

图 5-3　江南农耕文化园

“永联小镇”也是如此，粉墙黛瓦，小桥流水。永联村以百年后的“永联周庄”为目标，投资 15 亿元打造中国农村最大的现代化农民集中居住区。在建设时坚持浓浓的江南水乡风格，目的是让乡村独有的传统文明依然能和城市文化相得益彰。住在这里的村民们经常自豪地说，“城里有的我们都有，城里没有的我们也有。有田园风光、蓝天碧水和新鲜的空气。”

二、生态保护型模式

主要是在生态优美、环境污染少的地区，其特点是自然条件优越，水资源和森林资源丰富，具有传统的田园风光和乡村特色，生态环境优势明显，把生态环境优势变为经济优势的潜力大，适宜发展生态旅游。

【典型案例】浙江省安吉县山川乡高家堂村

高家堂村位于全国首个环境优美乡山川乡境内，全村区域面积 $7km^2$，其中，山林面积 9 729 亩，水田面积 386 亩，是一个竹林资源丰富、自然环境保护良好的浙北山区村。高家堂是安吉生态建设的一个缩影，以生态建设为载体，进一步提升了环境品位。2015 年被评为中国十大最美乡村之一（图 5-4）。

图 5-4　高家堂村

1. 画卷里的山村

高家堂村将自然生态与美丽乡村完美结合，围绕“生态立村—生态经济村”这一核心，在保护生态环境的基础上，充分利用环境优势，把生态环境优势转变为经济优势。现如今，高家堂村生态经济快速发展，以生态农业、生态旅游为特色的生态经济呈现良好的发展势头。从 1998 年开始，对 3 000 余亩的山林实施封山育林，禁止砍伐。并于 2003 年投资 130 万元修建了环境水库——仙龙湖，对生态公益林水源涵养起到了很大的作用，还配套建设了休闲健身公园、观景亭、生态文化长廊等。2014 年新建林道 5. 2km，极大方便了农民生产、生活（图 5-5）。

图 5-5　仙龙湖水库

2. 高家堂村生态保护型模式

高家堂村生态保护型模式主要体现在：铁腕治污+科学管理+休闲旅游+生态产业。

（1）十年环保，污染全面封杀。2008 年县里号召建设美丽乡村，高家堂村显出了壮士断腕的决心。全村随即停掉两家造纸厂，3 家竹制品企业。对于农业污染，高家堂村成立了竹林专业合作社，合作社规定禁止任何化学除草剂上山，全部雇用人力，恢复以前刀砍锄头挖的原始除草方法，虽然成本提高了十几倍，但从源头上杜绝了水、土壤污染。

数年里，浙江省农村第一个应用美国阿科蔓技术的农家生活污水处理系统、湖州市第一个以环境教育和污水处理示范为主题的农民生态公园等多个与生态环保有关的第一，均落户在高家堂村。

(2) 引入资本，组建公司经营。2012 年 10 月，村里引入社会资本，共同组建安吉蝶兰风情旅游开发有限公司来经营村庄，村集体占股 30%。村域景区由采菊东篱农业观光园、仙龙湖度假区和七星谷山水观光景区三大块组成，以“青清山水，净静村庄”为卖点（图 5-6）。

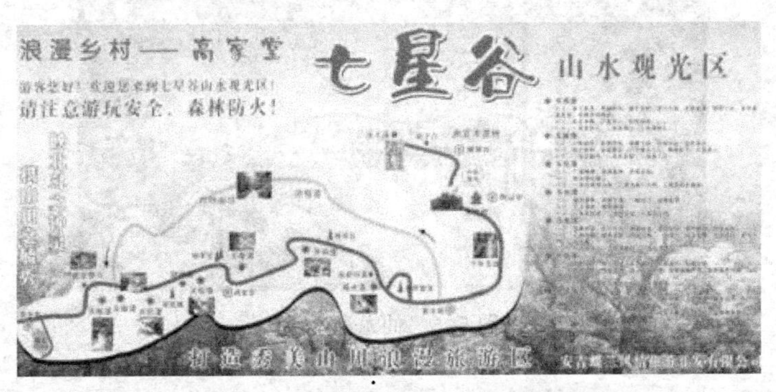

图 5-6　七星谷山水观光景区导览图

村里只负责基建，派驻财务进公司，景区由公司负责开发包装与营销。经过几年运作，公司已经有盈利，2015 年景区门票获利 150 万元左右。

自景区开建后，高家堂村还多了一条村规：所有落户项目，必须与休闲旅游业相关。投资 6 000 万元的海博度假项目、投资 4 000 万元的水墨桃林项目、莱开森水上游乐项目……几年间，6

大项目、近3亿元旅游资本落户高家堂村（图5-7、图5-8）。

图5-7　海博度假山庄

图5-8　水墨桃林

（3）旅游扶贫，农家乐、旅馆火爆。积极鼓励农户进行竹林培育、生态养殖、开办农家乐，并将这三块内容有机地结合起来，特别是农家乐乡村旅店，接待来自沪、杭、苏等大中城市的观光旅游者，并让游客自己上山挖笋、捕鸡，使得旅客亲身感受到看生态、住农家、品山珍、干农活的一系列乐趣，亲近自然环境，体验农家生活，又不失休闲、度假的本色，此项活动深受旅客的喜爱，得到一致好评，而农户本身也得到了实惠，增加了收入。

（4）巧借资源，绿色环保竹产业。全村已形成竹产业生态、生态型观光型高效竹林基地、竹林鸡养殖规模，富有浓厚乡村气息的农家生态旅游等生态经济对财政的贡献率达到50%以上，成为经济增长支柱。高家堂村把发展重点放在做好改造和提升笋竹产业，形成特色鲜明、功能突出的高效生态农业产业布局，让农民真正得到实惠。

同时，着重搞好竹产品开发，如将竹材经脱氧，防腐处理后应用到住宅的建筑和装修中，开发竹围廊、竹地板、竹层面、竹灯罩、竹栏栅等产品，取得了一定的效益。并积极为农户提供信息、技术、流通方面的服务。

3. 高家堂村美丽乡村效应

（1）生态效应。“青山绿水就是金山银山”，高家堂村的美丽乡村建设之路就是这句话最好的见证。事实证明农村不搞高污染、高耗能的工业，保护好青山绿水也能给农民带来富裕的生活，而且这是一条和谐自然、循环永续、以人为本的路子。

（2）经济效应。通过组建旅游开发有限公司，全村的旅游资源得到有效的整合与营销，村民集体持股30%，每年能为每位村民带来500多元的收入，同时，部分村民受聘于景区，每月有固定工资，另外，农家乐和农家旅馆也给村民带来了相当可观的收入。

（3）龙头效应。高家堂村美丽乡村建设从2008年至今，始终坚持把保护生态环境作为第一要义，把握每一个发展环节和机遇，充分利用自身的优势，把休闲旅游作为发展致富的主要抓手，成为山川乡和安吉县的休闲旅游标兵，并被冠以“浙北最美

丽的村庄”，近年来，逐渐发展为山川乡旅游产业的探索者、领跑者，为安吉众多景区起到了很好的示范和辐射带动作用。

三、城郊集约型模式

主要是在大中城市郊区，其特点是经济条件较好，公共设施和基础设施较为完善，交通便捷，农业集约化、规模化经营水平高，土地产出率高，农民收入水平相对较高，是大中城市重要的“菜篮子”基地。

【典型案例】上海市松江区泖港镇

松江区泖港镇地处上海市松江区南部、黄浦江南岸，是松江浦南地区三镇的中心，东北距上海市中心50km，北距松江区中心10km。该镇的发展不倚仗工业，而是依托“气净、水净、土净”的独特资源优势，大力发展环保农业、生态农业、休闲农业，成为上海的“菜篮子”“后花园”，服务于以上海为主的周边大中城市（图5-9）。

该镇注重卫生环境的治理，在新农村建设中，开展村庄改造和基础设施建设，使全镇生态环境和市容卫生状况显著改善，2010年，该镇成功创建国家级卫生镇，2011年成为上海市第一家创建成功的市级生态镇。截至2012年6月份，市容环境质量已连续18个季度保持全市郊区108个乡镇第一名。泖港镇作为上海市的“菜篮子”，把工作重点放在发展农业上是极其明智的选择，该镇以创建高产田为抓手，大力发展环保农业；以“三净”品牌为优势，大力发展农副经济；以节能环保为标准，淘汰落后工业产能。此外，泖港镇还鼓励兴办家庭农场。泖港镇2007年起走上了以家庭农场为主要经营模式的农业发展道路，如今已基本实现了家庭农场的专业化、规模化经营。具体做法：一是规范土地流转，实行家庭农场集中经营；二是完善服务管理，提高家庭农场运行质量；三是推动集约经营，优化家庭农场

图 5-9 松江区泖港镇

运行模式。截至2012年上半年，泖港镇已有20 324亩土地交由家庭农场经营，占全镇粮田面积的87% 同时，随着家庭农场的集约化规模化机械化程度的提高，特别是由此带来的土地产出效益和农民收入的提高，农户承办家庭农场的积极性也空前高涨。

为顺应时代发展，满足大城市休闲度假的市场需求，泖港镇借助自然资源优势，发展生态旅游。近年来该镇开发和引进了大批中高档旅游项目，从旅游项目空白镇发展成农村休闲旅游镇。同时，以乡土民俗为核心，以市场需求为导向，充分整合生态农业、生态食品、农业观光、农业养殖、村落文化、会务培训、疗养度假、农家餐饮等各类乡村旅游资源，实现了农村休闲产业的功能集聚。目前，乡村旅游已成为该镇农业经济新的增长点。据不完全统计，仅2013年就先后接待游客约15万人次，实现旅游总收入近3 000万元，利润总额达500多万元，带动农副产品销售1 500多万元，解决了300多名当地农民的就业问题 同时，旅

游景点的建造周边环境的改造，也使洳港的环境越来越优美。

四、社会综治型模式

主要在人数较多，规模较大，居住较集中的村镇，其特点是区位条件好，经济基础强，带动作用大，基础设施相对完善。

【典型案例】天津大寺镇王村

天津市西青区大寺王村镇北邻西青经济技术开发区，东邻天津微电子城。该村距天津港 10km，距天津国际机场 15km，距市中心 15km，交通四通八达。全村 580 户，人口 1862 人，占有土地 4 000 余亩（图 5-10）。

图 5-10　天津大寺镇王村

王村是天津东南方新农村发展的一颗耀眼的明星。王村被天津市政府命名为天津市“示范村”，2012 年，荣获“美丽乡村”称号。王村经过近几年的发展实现了农村城市化。村里生活环境和谐有序，基础设施完善，家家户户住进新楼房，电脑、电话、汽车走进农家，村民过着“干有所为，老有所养，少有所教、病有所医”其乐融融的城市化生活。

十几年前，王村90%的村民仍然住着低矮潮湿的危陋平房，单调、简陋、陈旧、窘迫、拥塞是绝大多数王村人的居住状况。为了改变这一现状，彻底解决村民的住房问题，村领导制定了5年村庄建设规划，推倒全村危陋平房，建成公寓和别墅，让全体村民住上了新楼房。

此外，为了实现农村城市化，使百姓生活在舒适、整洁、文明、优美的环境中，村领导组织制定了彻底改造村内生活环境的规划，并筹措资金，组织力量先后完成了许多工程、项目的改造和提升，村庄环境得到很大改善（图5-11）。

图5-11 村庄环境

王村在完善社区服务中心、商业街，开发建设峰山菜市场、卫生院等公共服务设施的同时，还先后建成了占地2万m^2的音乐喷泉健身广场、2 400m^2的青少年活动中心以及1 000m^2的村民文体活动中心，室内网球场、羽毛球场、乒乓球场、拉丁舞排练场、农民书屋、村民学校、党员活动室、文化活动室、舞蹈排练厅、棋牌室样样俱全，全部按照最高标准建设，设施完善，而且，所有场馆都不对外营业，全部作为百姓的福利，让乡亲们无偿使用。完善的基础服务设施，极大方便了村民生活（图 5-12）。

图 5-12　文化活动

五、文化传承型模式

是在具有特殊人文景观，包括古村落、古建筑、古民居以及传统文化的地区，其特点是乡村文化资源丰富，具有优秀民俗文化以及非物质文化，文化展示和传承的潜力大。

【典型案例】河南省洛阳市孟津县平乐镇平乐村

平乐村地处汉魏故城遗址，文化积淀深厚，因公元 62 年东汉明帝为迎接大汉图腾筑“平乐观”而得名。该村以农民牡丹画而闻名全国，农民画家已发展到 800 多人。“一幅画、一亩粮、小牡丹、大产业”，这是流传在河南省孟津县平乐村村民口中的一句新民谣。近年来，平乐村按照“有名气、有特色、有依托、有基础”的“四有”标准，以牡丹画产业发展为龙头，扩大乡村旅游产业规模，探索出了一条新时期依靠文化传承建设“美丽乡村”的发展模式（图 5-13）。

图 5-13　平乐村

千百年来，平乐村民有着崇尚文化艺术的优良传统。改革开放后，富裕起来的农民开始追求高雅的精神文化生活，从事书画艺术的人越来越多。随着牡丹花会的举办和旅游业的日益繁荣，与洛阳有着深厚历史渊源而又雍容华贵的牡丹成为洛阳的重要文化符号。游人在观赏洛阳牡丹的同时，喜欢购买寓意富贵吉祥的牡丹画作留念，从事书画艺术的平乐村民开始将创作主题集中到牡丹（图 5-14）。

经过 20 多年的发展，平乐农民画家们的牡丹画作品远销西安、上海、香港、新加坡、日本等地，多次参加各种展览并获

图 5-14　平乐的农民画家

奖。2007 年 4 月，平乐村农民牡丹画家自愿组建洛阳平乐牡丹书画院，精选 120 余幅作品在洛阳市美术馆隆重举办了农民书画展，展示了平乐牡丹画创作的规模和水平。

“小牡丹画出大产业”。如今的平乐，已拥有国家、省市画协、美协会员 20 多名，牡丹画专业户 100 多个，牡丹绘画爱好者 300 余人，年创作生产牡丹画 8 万幅，销售收入超过 500 万元。2007 年，平乐村被河南省文化厅授予“河南特色文化产业村”荣誉称号，平乐镇被文化部、民政部命名为“文化艺术之乡”。中共河南省委书记徐光春先后 2 次就平乐牡丹画产业发展作出批示。

六、渔业开发型模式

主要在沿海和水网地区的传统渔区，其特点是产业以渔业为主，通过发展渔业促进就业，增加渔民收入，繁荣农村经济，渔业在农业产业中占主导地位。

【典型案例】甘肃天水市武山县

武山县位于甘肃省东南部，天水市西端的渭河上游。目前，该县渔业产值占农林牧渔总产值的10%。2012年末，全县养鱼水面达464亩，其中冷水鱼12亩，水产品总产量达到300t，其中，冷水鱼超过40t，渔业总产值达770余万元（图5-15）。

图5-15　武山县

近几年，旅游市场火热，武山县紧抓机遇，结合实际，大力发展休闲渔业。休闲渔业是对渔业生产的补充，是对渔业资源的综合利用，是实现渔业产业结构调整的战略选择。该县盘古村的发展前景比较好，该村400余亩河滩渗水地充分利用后采取“台田养鱼”模式进行开发池中养鱼、台田种草种树，随着经济的发展逐步开辟成具有水乡特色的以生产商品鱼为主，将来要建设成休闲式生态渔家乐。2008年秋，该县龙台董庄村冷水鱼养殖户按照旅游要素，加大休闲农业开发建设的力度，以渔业生产为主题，以区域文化为内涵，以景观为依托，结合本地特点，打造功能齐全的休闲农业示范景区。其中，君义山庄等渔业养殖户进行了改造提升，积极推出“住在渔家、玩在渔家、吃在渔家”的“渔家乐”休闲旅游项目，已成为武山“农家乐”示范基地。近年来，武山县试验推广鲑鳟鱼为主的冷水鱼品种，培育发展休闲渔业，全县渔业产业实现了从粗放到精养、从单一的养卖到提供垂钓、餐饮、休闲观光等综合服务方式的巨大转变，养殖规模不断扩大，呈现出良好的发展态势（图 5-16）。

图 5-16　养殖的鱼

盘古村的“渔家乐”，依托良好的生态资源发展垂钓运动带来的垂钓，经济收入可观，效益比原先高出 1 倍以上。现武山“渔家乐”成为了天水休闲渔业示范基地，带动了乡村休闲旅游的发展。武山县积极研发引进渔业养殖新技术，其中，“河流养殖冷水鱼技术试验”的成功极大地拓展了养鱼空间，也为该县渔业找到了确实可行之路。大南河西河、榜沙河上游有生产上千吨冷水鱼的水资源潜力，养殖技术已达到自繁自育的水平。武山县有河谷滩涂地、渗水地、薄田等宜渔土地 5 000 余亩，适宜于集中连片发展常规鱼养殖，“台田养鱼”、“塑料薄膜防渗”等渔业实用技术的试验示范为常规鱼养殖奠定了技术支撑。龙台乡董庄村冷水鱼养殖开发小区、温泉乡“福源生态农庄”、鸳鸯镇盘古村养鱼小区依托周边山水风光、人文景观、人脉资源，发挥自身环境优美、产品绿色环保的优点，为人们提供休闲娱乐，观光垂钓、农家餐饮等服务，延长了渔业产业链，经济效益翻倍提高，成为渔业经营方式创新的典型。

七、草原牧场型模式

主要在我国牧区半牧区县（旗、市），占全国国土面积的40%以上。其特点是草原畜牧业是牧区经济发展的基础产业，是牧民收入的主要来源。

【典型案例】内蒙古太仆寺旗贡宝拉格苏木道海嘎查

道海嘎查是太旗开展“美丽乡村”建设中的一个典型。道海嘎查的主要就是草原，因此，对草原牧区来讲，保护好草原生态环境是发展过程中的重要任务。道海嘎查在美丽乡村建设中坚持生态优先的基本方针，推行草原禁牧、休牧、轮牧制度，促进草原畜牧业由天然放牧向舍饲、半舍饲转变，发展特色家畜产品加工业，形成了独具草原特色和民族风情的发展模式（图 5-17）。

在“美丽乡村”建设中，太旗把农牧区发展、农牧业增效、农牧民增收作为中心工作，依托自然资源、区位优势，调整产业结构，推动农牧产业特色化、规模化、现代化发展。养殖业方面积极推广标准化养殖，引导农牧民转变发展方式，逐步由家庭“作坊式”养殖向规模化、集约化、标准化方向转变。通过项目

图 5-17　草原

扶持鼓励和支持农牧民发展“小三养”及特种养殖业。实施优惠政策，每年为养殖户建设标准化棚圈 3 000m^2，各苏木乡镇为养殖户无偿划拨土地、并给养殖区通路、通水、通电和平整场地。积极争取国家项目扶持资金，配套推广标准化养殖技术，大力发展特种养殖生产基地。目前，全旗建成标准化奶牛养殖场 26 处，肉牛养殖场 22 处，奶牛和优质肉牛存栏分别达到 4.3 万头和 3.97 万头，“小三养”和特种养殖专业合作社 47 家，养殖基地 48 处。与此同时，积极引导农牧民走合作发展之路，加大政策扶持、项目倾斜力度，就重点农牧业建设项目优先安排有条件的合作社实施，为农牧民专业合作社提供全方位管理服务。定期开展业务培训工作，苏木乡镇积极培育先进示范社，全旗每年对 10 个农牧民专业合作示范社进行表彰奖励。创新运作模式，提高经济效益，各类农牧民合作社已发展到 587 家。注册总资金达 4 亿多亿元，覆盖全旗 140 个嘎查村，9 000 多农牧户。

八、环境整治型模式

主要在农村脏乱差问题突出的地区，其特点是农村环境基础设施建设滞后，环境污染问题，当地农民群众对环境整治的呼声高、反应强烈。

【典型案例】广西壮族自治区恭城瑶族自治县莲花镇红岩村

红岩村位于广西桂林恭城瑶族自治县莲花镇，距桂林市108km，共103户400多人，是一个集山水风光游览、田园农耕体验、住宿、餐饮、休闲和会议商务观光等为一体的生态特色旅游新村。红岩村先后荣获“全国特色景观旅游名村”“全国农业旅游示范点”“中国最有魅力休闲乡村”“全国文明村”“中国少数民族特色村寨”，广西壮族自治区第一批“绿色村屯”等荣誉称号。2015年11月5日，第二次全国改善农村人居环境工作会议在恭城成功召开，全体与会代表参观了莲花镇红岩村、门等（矮寨）村，并给予了高度评价（图5-18）。

图5-18 红岩村

以前的红岩村环境卫生较差。随着新农村建设工程的开展，红岩村脏乱差问题得到极大改善。红岩村积极启动生活污水处理系统建设工程，现已成为广西第一个进行生活污水处理的自然村，使村里生态旅游业有了新的发展。在村内环境卫生得到改善的基础上，村民们依托当地的环境和月柿种植产业，发展起生态乡村旅游产业。村里一栋栋独具特色的花园式小别墅，摇身一变成了农家乐餐馆（图 5-19）。

图 5-19 成熟的柿子

目前，红岩村依托生态新村和月柿产业，充分发挥“品瑶乡月柿、赏柿园风光、喝恭城油茶、住生态家园”特色优势，走出一条“培育特色农业—建设绿色新村—发展乡村旅游”的发展路子。红岩新村成功地建起 80 多栋独立别墅，共拥有客房 300 多间，餐馆近 40 家，建成了瑶寨风雨桥、滚水坝、梅花桩、环形村道、灯光篮球场、游泳池、旅游登山小道等公共设施。年接待游客达到 20 万人次。

九、休闲旅游型模式

休闲旅游型美丽乡村模式主要是在适宜发展乡村旅游的地区，其特点是旅游资源丰富，住宿、餐饮、休闲娱乐设施完善齐备，交通便捷，距离城市较近，适合休闲度假，发展乡村旅游潜力大。

【典型案例】江西省婺源县江湾镇

国家特色旅游景观名镇江湾地处皖、浙、赣3省交界，云集了梦里江湾5A级旅游景区、古埠名祠汪口4A级旅游景区、生态家园晓起和5A级标准的梯云人家篁岭四个品牌景区。依托丰富的文化生态旅游资源、着力建设梨园古镇景区、莲花谷度假区，使之成为婺源“国家乡村旅游度假试验区”的典范。中国美，看乡村，一个天蓝水净地绿的美丽江湾，正成为“美丽中国”在乡村的鲜活样本，并以旅游转型升级为拓展空间加快成为中国旅游第一镇（图5-20）。

图5-20　江湾镇

江湾旅游资源丰饶，生态绿洲的晓起名贵古树观赏园荟萃了六百余株古樟群、全国罕见的大叶红楠木树和国家一级树种江南红豆杉，栖息着世界濒危珍稀多鸟种黄喉噪鹛、国家重点保护的黑麂、白鹇鸟等。江湾镇森林覆盖率高达90%，既是一个生态的示范镇，也是一个文化底蕴丰厚的千年古镇。该镇依托丰富的历史人文文化和良好的生态环境，成功打造“伟人故里—江湾”“生态家园—晓起”“古埠名祠—汪口”3个品牌景区。以品牌景区发力于乡村旅游，将江湾打造成一个乡村旅游的省级示范镇（图5-21）。

图5-21 江湾镇篁岭古村“长街宴庆丰收”活动

28个省级示范镇之一的江湾镇，近年来积极发展乡村旅游，着力打造乡村旅游的示范镇，促进乡村旅游与农业、农民和农村发展有机相结合，使乡村旅游参与主体的农民，成为受益主体。投资8 000万建设篁岭民俗文化村和投资7亿重点开发以徽派古建筑异地保护区定位的梨园新区处于紧张的建设阶段，这两个重点旅游工程的建成，将使更多群众受惠于乡村旅游。积极引导开发农业观光旅游项目，打造篁岭梯田式四季花园生态公园，使农业种植成为致富的风景，成为乡村旅游的载体。

作为全国首批特色景观旅游名镇的江湾镇，乡村旅游效益逐年提升；围绕旅游“吃、住、行、游、购、娱”六要素，旅游带动旅游工艺品生产销售、旅游管理导游等相关产业从业人员近3 000人，旅游商品生产、宾招饮食服务企业330多个，“农家乐”120家。

十、高效农业型模式

主要在我国的农业主产区，其特点是以发展农业作物生产为主，农田水利等农业基础设施相对完善，农产品商品化率和农业机械化水平高，人均耕地资源丰富，农作物秸秆产量大。

【典型案例】福建省漳州市平和县三坪村

三坪村是国家AAAA级风景区—三平风景区所在地。该村在创建美丽乡村过程中充分发挥森林、竹林等林地资源优势，采用“林药模式”打造金线莲、铁皮石斛、蕨菜种植基地，以玫瑰园建设带动花卉产业发展，壮大兰花种植基地，做大做强现代高效农业。同时，整合资源，建立千亩柚园、万亩竹海、玫瑰花海等特色观光旅游，构建观光旅游示范点，提高吸纳、转移、承载三平景区游客的能力（图5-22）。

为了改善当地村民居住环境，提升景区周边环境品位，三坪村实施“美丽乡村建设”工程，现如今建设中的“美丽乡村”

图 5-22　三坪村

已初具雏形，身姿靓丽，吸人眼球。2013 年，平和县斥资 1 900 万元，全力打造闽南金三角令人神往的人文生态村落。其建设内容包括铺设村主干道 1km、慢步道 2km，河滨休闲景观绿道 1.3km 以及开展村中沿街立面装修、污水处理、绿化美化、卫生保洁等。截至目前，当地已累计完成投资 960 万元，占年度计划投资的 50.5%。

几年来，三坪村特有的朝圣旅游文化和“富美乡村”的创建成果，吸引着众多的游客，也影响着当地村民的精神生活，带动当地旅游产业的茁壮发展，走出了一条美丽创造生产力的和谐之路。该村先后获得“国家级生态村”“福建省生态村”“福建省特色旅游景观村”“漳州市最美乡村”等荣誉称号，是漳州市新农村建设的示范点和福建省新农村建设的联系点，连续五届蝉联省级文明村。

第六章　美丽乡村的规划设计

第一节　美丽乡村规划的原则

一、以人为本，强化主体

在规划的过程中，要始终把农民群众的利益放在首位，不断强化农民群众在创建工作中的主体地位，发挥农民群众的创造性和积极性，尊重他们的知情权、参与权、决策权和监督权，引导发展生态经济、自觉保护生态环境、加快建设生态家园。

二、生态优先，科学发展

按照人与自然和谐发展的要求，遵循自然规律，切实保护农村生态环境，展示农村生态特色，统筹推进农村生态人居、生态环境、生态经济和生态文化建设。注重挖掘传统农耕、人居等文化丰富的生态理念，在开发中保护，在保护中建设，形成一村一景、一村一业、一村一特色，彰显美丽乡村。

三、规划先行，因地制宜

在规划时，要按照高标准、高起点的要求编制完成美好乡村建设规划。注重与村庄布局规划、土地利用规划、产业发展规划和农村土地综合整治规划的充分衔接，强化规划的前瞻性、科学性和可操作性，并且应充分考虑全国各地的自然条件，结合自然地形，依托山水资源，统筹编制“美丽乡村”建设规划，精心

设计载体，突出乡村特色，形成模式多样的“美丽乡村”建设格局。

四、典型引路，整体推进

强化总结提升和宣传发动，向社会推介一批涵盖不同区域类型、不同经济发展水平的“美丽乡村”典型建设模式，发挥示范带动作用，以点带面，有计划、有步骤地引导、推动“美丽乡村”创建工作。同时，鼓励各地自主开展“美丽乡村”创建工作，不断丰富创建模式和内容。

第二节　美丽乡村住宅规划

一、乡村住宅用地的规划

为乡村居民创造良好的居住环境，是美丽乡村规划的目标之一。为此在乡村总体规划阶段，必须选择合适的用地，处理好与其他功能用地的关系，确定组织结构，配置相应的服务设施，同时注意环保，做好绿化规划，使乡村具有良好的生态环境。

乡村人居规划的理念应体现出人、自然、技术内涵的结合，强调乡村人居的主体性、社会性、生态性及现代性。

1. 乡村人居的规划设计

乡村居住建设工作要按“统一规划，统一设计，统一建设，统一配套，统一管理”的原则进行，改变传统的一家一户各自分散建造，为统一的社会化的综合开发的新型建设方式，并在改造原有居民单院独户的住宅基础上，建造多层住宅，提高住宅容积率和减少土地空置率，合理规划乡村的中心村和基层村，搞好退宅还耕扩大农业生产规模，防止土地分割零碎。乡村居住区的规划设计过程应因地制宜，结合地方特色和自然地理位置，注意保护文化遗产，尊重风土人情，重视生态环境，立足当前利益并兼顾长远利益，量力而行。

（1）中心村的建设。中心村的位置应靠近交通方便地带，要能方便连接城镇与基础村，起到纽带作用。中心村的住宅应从提高容积率和节约土地的角度考虑，提倡多层住宅，如多层乡村公寓。政府要统一领导农民设计建设，不再批土地给村民私人建造单家独院住宅，政府应把这项工作纳入自己的目标任务，加大力度规划和引导中心村的建设，逐步实现中心村住宅商品化。

（2）基层村的建设。基层村应与中心村有便捷的交通，其设置应以农林牧副渔等产业的直接生产来确定其结构布局。鉴于农业目前的生产关系，可将各零星的自然村集中调整成为一个新的“自然”行政村，尽量让一些有血缘关系或亲友关系或有共同语言的农民聚在一起，便于形成乡村规模经济。基层村的住宅要以生产生活为目的，最好考虑联排形式，可借鉴郊区的联排别墅建成多层农房，并进行功能分区，底层用作仓储，为生产活动做准备；其他层为生活居住区，这样将有利于生产生活并节约土地。

（3）零星村的迁移建设。在旧村庄的改建过程中，必须下大功夫让不符合规划的村庄和散居的农户分批迁移，逐步退宅还耕，加强新村的规划设计。在迁移过程中要考虑农民的经济能力，各地政府不要操之过急。对于确有困难的农民可以允许推迟或予以政策支持，同时，要给迁移的村民予以一定的补偿。

2. 乡村居住用地的布置方式和组织

美丽乡村居住用地的布置一般有 2 种方式。

（1）集中布置。乡村的规模一般不大，在有足够的用地且用地范围内无人为或自然障碍时，常采用这种方式。集中

布置方式可节约市政建设的投资，方便乡村各部分在空间上的联系。

(2) 分散布置。若用地受到自然条件限制，或因工业、交通等设施分布的需要，或因农田保护的需要，则可采用居住用地分散布置的形式。这种形式多见于复杂地形、地区的乡村。

乡村由于人口规模较小，居住用地的组织结构层次不可能与城市那样分明。因此，乡村居住用地的组织原则是：服从乡村总体的功能结构和综合效益的要求，内部构成同时，体现居住的效能和秩序；居住用地组织应结合道路系统的组织，考虑公共设施的配置与分布的经济合理性以及居民生活的方便性；符合乡村居民居住行为的特点和活动规律，兼顾乡村居住的生活方式；适应乡村行政管理系统的特点，满足不同类型居民的使用要求。

二、乡村住宅的主要类型

我国乡村住宅类型在不同的地区有着不同的形式。其中，主要包括三类，即方形住宅、窑洞住宅和干栏式住宅。

1. 方形住宅

方形有长方形和正方形之分，这个是北方地区的一个特点，为了正好地接受阳光或者是避开北面袭来的寒流应将房屋的长向朝南，门和窗均设于朝南的一面。在住室的布局上，多将卧室布置在房屋的朝阳面，将贮藏室、厨房布置在背阳的一面，再加上墙体围城一个方方正正的院落（图 6-1）。

2. 窑洞住宅

这种类型多分布在山西和陕西一带，窑洞按其建造方式不同可分为三大类：靠崖式窑洞、独立式窑洞和下沉式窑洞。窑洞顶也有多种拱券形状，大体上有平圆形、半圆形和尖圆形 3 种。这

图 6-1　方形住宅

种类型的房屋冬天有一定的保暖性能，而且还可以在窑洞上侧种植（图 6-2）。

图 6-2　窑洞住宅

3. 干栏式住宅

南方的湿润气候，由于这种气候的环境，建筑一般都采用干栏式住宅，考虑到通风、采光、防潮、防兽的要求，多采用下部架空的干栏式房屋形式。干栏式住宅多为三层，大多平面呈灵活布置的形式，但也有少数住宅呈规整的矩形平面。底部高高的架空部分一般用木板围合，作为放置农具、杂物和圈养牲畜等；在山墙面的一侧，设有木制的直跑楼梯通向二层，这里主要是生活和起居的空间，其平面布置遵循前廊、中堂、后寝的格局模式（图 6-3）。

图 6-3　干栏式住宅

三、乡村住宅的功能布局

根据乡村住宅类型多样、住宅人数偏多、住户结构复杂等特点，住宅设计重点应落在功能布局上。主要应注意以下几个方面。

1. 合理规划房间

根据常住户的规模，有一代户、两代户、三代户及四代户。一般两代户与三代户较多，人口多在 3~6 口。这样基本功能空间就要有门斗、起居室、餐厅卧室、厨房、浴室、贮藏室，并且还应有附加的杂屋、厕所、晒台等功能，而套型应为一户一套或一户两套。当为3~4口人时，应设2~3个卧室；当为4~6口人时，应设3~6个卧室。如果住户为从事工商业者，还可根据实际情况进行增加。

2. 确保生产与生活区分开

凡是对人居生活有影响的，均要拒之于住宅乃至住区以外，确保家居环境不受污染。

3. 做到内与外区分

由户内到户外，必须有一个更衣换鞋的户内外过渡空间；并且客厅、客房及客流路线应尽量避开家庭内部的生活领域。

4. 做到“公”与“私”的区分

在一个家庭住宅中，所谓“公”，就是全家人共同活动的空间，如客厅；所谓“私”，就是每个人的卧室。公私区分，就是公共活动的起居室、餐厅、过道等，应与每个人私密性强的卧室相分离。在这种情况下，基本上也就做到了“静”与“动”的区分。

5. 做到“洁”与“污”的区分

这种区分也就是基本功能与附加功能的区分。如做饭烹调、燃料农具、洗涤便溺、杂物贮藏、禽舍畜圈等均应远离清洁区。

6. 做到生理分居

一般情况下，5岁以上的儿童应与父母分寝；7岁以上的异性儿童应分寝；10岁以上的异性少儿应分室；16岁以上的青少年应有自己的专用卧室。

第三节　美丽乡村道路规划

一、乡村道路用地的规划

在规划美丽乡村对外交通公路时，通常是根据公路等级、乡村性质、乡村规模和客货流量等因素来确定或调整公路线路走向与布置。在美丽乡村中，常用的公路规划布置方式如下。

（1）把过境公路引至乡村外围，以切线的布置方式通过乡村边缘。这是改造原有乡村道路与过境公路矛盾经常采用的一种有效方法。

（2）将过境公路迁离村落，与村落保持一定的距离，公路与乡村的联系采用引进入村道路的方法布置。

（3）当乡村汇集多条过境公路时，可将各过境公路的汇集点从村区移往乡村边缘，采用过境公路绕过乡村边缘组成乡村外环道路的布置方式。

（4）过境公路从乡村功能分区之间通过，与乡村不直接接触，只是在一定的入口处与乡村道路相联结的布置方式。

（5）高速公路的定线布置可根据乡村的性质和规模、行驶车流量与乡村的关系，可规划为远离乡村或穿越乡村两种布置方式。若高速公路对本村的交通量影响不大，则最好远离该村布置，另建支路与该村联系；若必须穿越乡村，则穿入村区段路面应高出地面或修筑高架桥，做成全程立交和全程封的形式。

二、乡村道路的主要类型

根据乡村所辖地域范围内的道路按主要功能和使用特点，应划分为村内道路和农田道路。

1. 村内道路

村内道路，是连接主要中心镇及乡村中各组成部分的联系网络，是道路系统的骨架和交通动脉。村内道路按国家的相关标准划分为主干道、干道、支路 3 个道路等级（图 6-4）。

图 6-4　村内道路

2. 农田道路

农田道路是连接村庄与农田，农田与农田之间的道路网络系统，主要应满足农民、农业生产机械进入农田从事农事活动以及农产品的运输活动（图 6-5）。

图 6-5　农田道路

对农田道路进行规划时，主要分机耕道和生产路。在机耕道中，又分为干道和支道这两个级别。农田道路的红线宽度：机耕道的干道为6~8m，支道为4~6m；生产路为2~4m。车行道宽度在3~5m。

三、乡村道路系统的规划

乡村道路系统是以乡村现状、发展规划、交通流量为基础，并结合地形、地貌、环境保护、地面水的排出、各种工程管线等，因地制宜地规划布置。规划道路系统时，应使所有道路分工明确，主次清晰，以组成一个高效、合理的交通体系，并应符合下列要求。

1. 满足安全

为了防止行车事故的发生，汽车专用公路和一般公路中的二级、三级公路不宜从村的中心内部穿过；连接车站、码头、工厂、仓库等货运为主的道路，不应穿越村庄公共中心地段。农村内的建筑物距公路两侧不应小于30m；位于文化娱乐、商业服务等大型公共建筑前的路段，应规划人流集散场地、绿地和停车场。停车场面积按不同的交通工具进行划分确定。汽车或农用货车每个停车位宜为25~30m^2；电动车、摩托车每个停车位为2.5~2.7m^2；自行车每个停车位为1.5~1.8m^2。

2. 灵活运用地理条件，合理规划道路网走向

道路网规划指的是在交通规划基础上，对道路网的干、支道路的路线位置、技术等级、方案比较、投资效益和实现期限的测算等的系统规划工作。对于河网地区的道路宜平行或垂直于河道布局。跨越河道上的桥梁，则应满足通航净空的要求；山区乡村的主要道路宜平行等高线设置，并能满足山洪的泄流；在地形起伏较大的乡村，应视地面自然坡度大小，对道路的横断面组合作出经济合理的安排，并且主干道走向宜与等高线接近于平行布

置；地形高差特大的地区，宜设置人、车分开的道路系统；为避免行人在“之”字形支路上盘旋行走，应在垂直等高线上修建人行梯道。

3. 科学规划道路网形式

在规划道路网时，道路网节点上相交的道路条数，不得超过5条；道路垂直相交的最小夹角不应小于45°。道路网形式一般为方格网式、环形放射式、自由式和混合式四类（图6-6）。

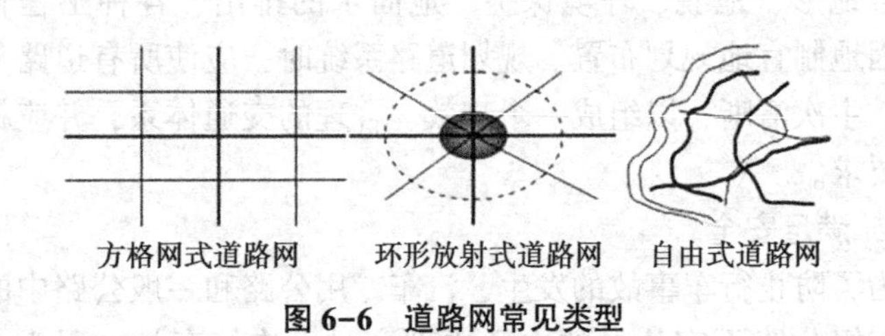

图6-6　道路网常见类型

四、乡村道路的交通设施

乡村交通设施，指的是乡村道路设施和附属设施两大部分。乡村道路设施的基本内容，主要包括路肩、路边石、边沟、绿化隔离带等；道路的附属设施包括有信号灯、交通标志牌、乡村公交车站等。这些设施的建设，就是为了保证乡村交通安全畅通和行人的生命安全。

在规划、设计交通设施时，应注意这些设施功能的合理性、可靠性、实用性及美观性，有的还要考虑地方特色同当地的自然风景相结合。

设施的位置必须充分考虑各种车辆的交通特点和行车路线，避免对交通路线造成障碍。

在有旅游资源的乡村，步行景观道路的作用更为突出。设计步行景观道路，应处处体现人与自然的关系、路景与环境的关

系，从材质到色彩都应很好地与当地环境融为一体。景观路面用材多选用不规则的卵石或花岗岩、吸水性的铺地砖铺就。这些材料不但能与自然风貌相结合，也有利于雨水的回渗，更方便行人观景的需要，而且还要考虑残疾人的无障碍通道。

第四节　美丽乡村给排水规划

一、乡村给水系统规划

（一）乡村水源选择和用地要求

为了保障人民生命财产安全和消防用水，并满足人们对水量和水质水压的要求，就必须对之进行科学规划。给水水源可分为地下水和地表水两大类。地下水有深层、浅层 2 种。一般来说，地下水由于经过地层过滤和受地面气候因素的影响较小，因此，具有水清、无色、水温变化幅度小、不易受污染等优点。

水源选择的首要条件是水量和水质。当有多个水源可供选择时，应通过技术经济比较综合考虑，并符合如下原则。

1. 水源的水量必须充沛

天然河流的取水量应不大于河流枯水期的可取水量；地下水源的取水量应大于可开采储量。同时还应考虑到工业用水和农业用水之间可能发生的矛盾。

2. 水源应为较好水质

水质良好的水源有利于提高供水质量，可以简化水处理工艺。减少基建投资和降低供水成本。符合卫生要求的地下水，应优先作为生活饮用水源，按照开采和卫生条件，选择地下水源时，通常按泉水、承压水、潜水的顺序。

3. 布局紧凑

地形较好、村庄密集的地区，应尽可能选择一个或几个水源，实施区域集中供水，这样既便于统一管理，又能为选择理想的水源创造条件。如乡村的地形复杂、布局分散则应实事求是地采取分区供水或分区与集中供水相结合的形式。

4. 综合考虑、统筹安排

要考虑施工、运转、管理、维修的安全经济问题；并且还应考虑当地的水文地质、工程地质、地形、环境污染等问题。

坚持开源节流的方针，统筹于水资源利用的总体规划，协调与其他部门的关系。要全面考虑、统筹安排，做到合理化综合利用各种水源。

（二）水厂的平面布置与用地

1. 水厂的平面布置

水厂的平面布置应符合“流程合理，管理方便，因地制宜，布局紧凑”原则。采用地下水的水厂，因生产构筑物少，平面布置较为简单。采用地表水的水厂通常由生产区、辅助生产区、管理区、其他设施所组成。水厂中绿化面积不宜小于水厂总面积的20%。进行水厂平面布置时，最先考虑生产区的各项构筑物的流程安排，所以工艺流程的布置是水厂平面布置的前提。

水厂工艺流程布置的类型主要有下列3种。

（1）直线型。它的特点是从进水到出水整个流程呈直线状。这样，生产联络管线短，管理方便，有利于扩建，特别适用于大、中型水厂。

（2）折角型。当进出水管的走向受到地形条件限制时，可采用此种布置类型。其转折点一般选在清水池或吸水井处，使澄清池与过滤池靠近，便于管理，但应注意扩建时的衔接问题。

（3）回转型。这类型式适用于进出水管在同一方向的水厂，此种布置类型常在山区小水厂中应用，但近、远期结合较困难。

2. 水厂的用地面积

乡村水厂一般采用压力供水的方式，所以，占地面积较小。

但在规划水厂用地面积时，应根据水厂规模、生产工艺来确定。

（三）给水工程管网规划布置

当完成了乡村水源选择、用水量的估算和水厂选址任务后，美丽乡村给水工程规划的主要任务就是进行输配水工程的管网布置，保证将足量的、净化后的水输送和分配到各用水点．并满足水压和水质的要求。

1. 给水管网布置的基本要求

（1）应符合乡村总体规划的要求，并考虑供水的分期发展，留有充分的余地。

（2）管网应布置在整个给水区域内，在技术上要保证用户有足够的水量和水压。

（3）不仅要保证日常供水的正常运行，而且当局部管网发生故障时，也要保证不中断供水。

（4）管线布置时应规划为短捷线路，保证管网建设经济，供水便捷，施工方便。

（5）为保证供水的安全，铺设由水源到水厂或由水厂到配水管的输水管道不宜少于两条。

2. 给水管网的布置

给水管网布置的基本形式有树枝状和环状两大类。

（1）树枝状管网形式。干管与支管的布置犹如树干与树枝的关系。这种管网的布置，管径随所供水用户的减少而逐渐变小。其主要优点是管道总长度较短、投资少、构造简单。树枝状管网适用于地形狭长、用水量不大、用户分散以及供水安全要求不高的小村庄，或在建设初期先形成树枝状管网，以后逐步发展成环状，从而减少一次性投资。

（2）环状管网形式。这种布置形式，是指供水干管间用联络管互相连通、形成许多闭合的干管环。环状管网中每条干管都可以有两个方向的来水，从而保证供水可靠；同时，也降低了管网中的水头损失，有利于减小管径、节约动力。但环状管网管线长，投资较大。

在美丽乡村的规划建设中，为了充分发挥给水管网的输配水能力，达到既安全可靠又经济适用的目的，可采用树枝状与环状相结合的管网形式，对主要供水区域采用环状，对距离较远或要求不高的末端区域采用树枝状，由此实现供水安全与经济的有机统一。

二、乡村排水系统规划

（一）乡村排水系统的系统

对生活污水、工业废水、降水采取的排除方式，称为排水体制。一般情况下可分为分流制和合流制两种系统。

1. 分流制排水系统

当生活污水、工业废水、降水用 2 个或 2 个以上的排水管渠系统来汇集和输送时，称为分流制排水系统。其中，汇集生活污水和工业废水的系统称为污水排出系统；汇集和排泄降水的系统称为雨水排出系统。只排出工业废水的称工业废水排出系统。分流制排水系统又分为下列两种。

(1) 完全分流制。分别设置污水和雨水两个管渠系统，前者用于汇集生活污水和部分工业生产污水，并输送到污水处理厂，经处理后再排放，后者汇集雨水和部分工业生产废水，就近直接排入水体。

(2) 不完全分流制。乡村中只有污水管道系统而没有雨水管渠系统，雨水沿着地面，于道路边沟和明渠泄入天然水体。这种体制只有在地形条件有利时采用。

对于地势平坦、多雨易造成积水地区，不宜采用不完全分流制。

2. 合流制排水系统

将生活污水、工业废水和降水用一个管渠汇集输送的称为合流制排水系统。根据污水、废水和降水混合汇集后的处置方式不同，可分为3种不同情况。

(1) 直泄式合流制。管渠系统布置就近坡向水体，分若干排出口，混合的污水不经处理直接泄入水体。我国许多村庄的排水方式大多是这种排放系统。此种形式极易造成水体和环境污染。

(2) 全处理合流制。生活污水、工业废水和降水混合汇集后，全部输送到污水处理厂处理后排出。这对防止水体污染，保障环境卫生最为理想，但需要主干管的尺寸很大，污水处理厂的容量也得增加很大，基建费用提高，在投资上很不经济。

(3) 截流式合流制。这种系统是在街道管渠中合流的生活污水、工业废水和降水一起排向沿河的截流干管，晴天时全部输送到污水处理厂处理；雨天时当雨量增大，雨水和生活污水、工业废水的混合水量超过一定数量时，其超出部分通过溢流井临时排入天然水体。这种系统目前采用较广。

(二) 污水管道的平面形式

在进行美丽乡村污水管道的规划设计时，先要在村庄总平面图上进行管道系统平面布置，有的也称为排水管定线。它的主要内容有：确定排水区界、划分排水流域；选择污水处理厂和出水口的位置；拟定污水干管及主干管的路线和设置泵站的位置等。

污水管道平面布置，一般先确定主干管、再定干管、最后定支管的顺序进行。在总体规划中，只决定主干管、干管的走向与平面位置。在详细规划中，还要决定污水支管的走向及位置。

1. 主干管的布置

排水管网的布置形式与地形、竖向规划、污水处理厂位置、土壤条件、河流情况以及其他管线的布置因素有关。按地形情

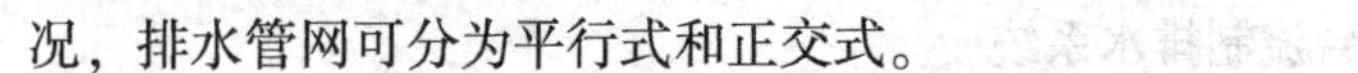

况，排水管网可分为平行式和正交式。

(1) 平行式布置的特点是污水干管与地形等高线平行，而主干管与地形等高线正交。在地形坡度较大的乡村采用平行式布置排水管网时，可减少主管道的埋深，改善管道的水力条件，避免采用过多跌水井。

(2) 正交式通常布置在地势向水体略有倾斜的地区，干管与等高线正交，而主干管（截留管）铺设于排水区域的最低处，与地形等高线平行。这种布置形式可以减少干管的埋深，适用在地形比较平坦的村庄，既便于干管的自接流入，又可减少截留管的埋设坡度。

除了平行式与正交式布置形式外，在地势高差较大的乡村，当污水不能靠重力汇集到同一条主干管时，可采用分区式布置，即在高低地区分别铺设独立的排水管网；在用地分散、地势平坦的乡村，为避免排水管道埋设过深，可采用分散式布置，即各分区有独立的管网和污水处理厂，自成系统。

2. 支管的布置

污水支管的布置形式主要决定于乡村地形和建筑规划，一般布置成低边式、穿坊式和围坊式。

低边式支管布置在街坊地形较低的一边，管线布置较短，适用于街坊狭长或地形倾斜时。这种布置在乡村规划中应用较多。

穿坊式污水支管的布置是污水支管穿越街坊，而街坊四周不设污水管，其管线较短、工程造价低，就是管道维护管理有困难，适用于街坊内部建筑规划已确定或街坊内部管道自成体系时。

围坊式支管沿街坊四周布置，这种布置形式多用于地势平坦且面积较大的大型街坊。

(三) 污水处理厂位置规划

污水处理厂的作用是对生产或生活污水进行处理，以达到规

定的排放标准，使之无害于乡村环境。污水处理厂应布置在乡村排水系统下游方向的尽端。乡村污水处理厂的位置应在乡村总体规划和乡村排水系统布置时决定。

选择厂址时应遵循以下原则。

（1）为保证环境卫生要求，污水处理厂应与规划居住区、公共建筑群保持一定的卫生防护距离，一般不小于300m。并必须位于集中给水水源的下游及夏季主导风向的下方。

（2）污水处理厂应设在地势较低处，便于乡村污水自流入处理厂内。选址时应尽量靠近河道和使用再生水的主要用户，以便于污水处理后的排出与回用。

（3）厂址尽可能少占或不占农田，但宜在地质条件较好的地段，便于施工、降低造价。

（4）污水处理厂用地应有良好的地质条件，满足建造构筑物的要求；靠近水体的处理厂应不受洪水的威胁，厂址标高应在20年一遇洪水水位以上。

（5）全面考虑乡村近期远期的发展前程，并对后期扩建留有一定的余地。

（6）结合各乡村的经济条件，如果当前不能建设污水处理厂，则各农户也可以单户或联户采用地埋式污水处理设备处理污水。

第五节　美丽乡村电网规划

一、乡村电力工程规划

在乡村经济发展中，电力是基础之一，是不可缺少的资源，是乡村工农业生产、生活的主要动力和能源。这样就需要进行乡村输电与配电建设，就需要有规划和设计。

1. 电力工程规划的内容

乡村电力工程规划，必须根据每个乡村的特点和对乡村总体规划深度的要求来编制。电力工程规划一般由说明书和图纸组成，它的内容有：分期负荷预测和电力平衡，包括对用电负荷的调查分析，分期预测乡村电力负荷及电量，确定乡村电源容量及供电量；乡村电源的选择；发电厂、变电所、配电所的位置、容量及数量的确定；电压等级的确定；电力负荷分布图的绘制：供电电源、变电所、配电所及高压线路的乡村电网平面图。

2. 电力网的敷设

电力网的敷设，按结构分有架空线路和地下电缆两类。不论采用哪类线路，敷设时应注意：线路走向力求短捷，并应兼顾运输便利；保证居民及建筑物安全和确保线路安全，应避开不良地形、地质和易受损坏的地区；通过林区或需要重点维护的地区和单位时，要按有关规定与有关部门协商处理；在布置线路时，应不分割乡村建设用地和尽量少占耕地不占良田，注意与其他管线之间的关系。

确定高压线路走向的原则是：线路的走向应短捷，不得穿越乡村中心地区，线路路径应保证安全；线路走廊不应设在易被洪水淹没的地方和尽量远离空气污浊的地方，以免影响线路的绝缘，发生短路事故；尽量减少线路转弯次数；与电台、通信线保持一定的安全距离，60 千伏以上的输电线、高于 35 千伏的变电所与收信台天线尖端之间的距离为 2km：35 千伏以下送电线与收信台天线尖端之间的距离为 1km。

钢筋混凝土电杆规格及埋设深度一般在 1. 2~2. 0m。当电杆高度为 7m 时，埋深 1. 2m；8m 长电杆时，埋深为 1. 5m；9m 长度时，埋深 1. 6m；10m 长度时，埋深 1. 7m，长度为 11m、12m、13m 时，其埋设深度分别为 1. 8m、1. 9m、2. 0m。

电杆根部与各种管道及沟边应保持 1. 5m 的距离，与消火

栓、贮水池的距离等应大于2m。

直埋电缆（10千伏）的深度一般不小于0.7m，农田中不小于1m。直埋电缆线路的直线部分，若无永久性建筑时，应埋设标桩，并且在接头和转角处也应埋设标桩。直接埋入地下的电缆，埋入前需将沟底平夯实，电缆周围应填入100mm厚的细土或黄土，土层上部要用定型的混凝土盖板盖好。

3. 变电所的选址

变电所的选址，决定着投资数量、效果、节约能源的作用和以后的发展空间，并且应考虑变压器运行中的电能损失，还要考虑工作人员的运行操作、养护维修方便等。所以，变电所选址应符合以下要求。

（1）便于各级电压线路的引入或引出。

（2）变电所用地尽量不占耕地或少占耕地，并要选择地质、地理条件适宜，不易发生塌陷、泥石流等地。

（3）交通运输方便，便于装运变压器等笨重设备。

（4）尽量避开易受污染、灰土或灰渣、爆破作业等危害的场所。

（5）要满足自然通风的要求。

二、乡村电信工程规划

乡村电信工程包括电信系统、广播和有线电视及宽带系统等。电信工程规划作为美丽乡村总体规划的组成部分，由当地电信、广播、有线电视和规划部门共同负责编制。

1. 通信线路布置

电信系统的通信线路可分为无线和有线两类，无线通信主要采用电磁波的形式传播，有线通信由电缆线路和光缆线路传输。通信电缆线路的布置原则如下。

（1）电缆线路应符合乡村远期发展总体规划，尽量使电缆线路与城市建设有关部门的规定相一致，使电缆线路长期安全稳定地使用。

(2) 电缆线路应尽量短直，以节省线路工程造价，并应选择在比较永久性的道路上敷设。

(3) 主干电缆线路的走向，应尽量和配线电缆的走向一致、互相衔接，应在用户密度大的地区通过，以便引上和分线供线。在多电信部门制的电缆网路的设计时，用户主干电缆应与局部中继电缆线路一并考虑，使线路网有机地结合，做到技术先进，经济合理。

(4) 重要的主干电缆和中继电缆宜采用迂回路线，构成环形网络以保证通信安全。环形网络的构成，可以采取不同的线路。但在设计时，应根据具体条件和可能，在工程中一次形成：也允许另一线路网的整体性和系统性在以后的扩建工程中逐渐形成。

(5) 对于扩建和改建工程，电缆线路的选定应首先考虑合理地利用原有线路设备，尽量减少不必要的拆移而使线路设备受损。如果原电缆线路不足时，宜增设新的电缆线路。

电缆线路的选择应注意线路布置的美观性。如在同一电缆线路上，应尽量避免敷设多条小对数电缆。

(6) 注意线路的安全和隐蔽，应避开不良的地质环境地段，防止复杂的地下情况或有化学腐蚀性的土壤对线路的影响，防止地面塌陷、土体滑坡、水浸对线路的损坏。

(7) 为便于线路的敷设和维护，应避开与有线广播和电力线的相互干扰，协调好与其他地上、地下管线的关系以及保证与建筑物间最小间距的要求。

(8) 应适当考虑未来可能的调整、扩建和割接的方便，留有必要的发展变化余地。

但在下列地段，通信电缆不宜穿越和敷设：今后预留发展用

地或规划未定的地区；电缆长距离与其他地下管线平行敷设，且间距过近，或地下管线和设备复杂，经常有挖掘修理易使电缆受损的地区；有可能使电缆遭受到各种腐蚀或破坏的不良土质、不良地质、不良空气和不良水文条件的地区，或靠近易燃、易爆场所的地带；还有如果采用架空电缆，会严重影响乡村中主要公共建筑的立面美观或妨碍绿化的地段；可能建设或已建成的快车道、主要道路或高级道路的下面。

2. 广播电视系统规划

广播电视系统是语音广播和电视图像传播的总称，是现代乡村广泛使用的信息传播工具，对传播信息、丰富广大居民的精神文化生活起着十分重要的作用。广播电视系统分有线和无线两类。尽管无线广播已日益取代原来在乡村中占主导地位的有线广播，但为了提高收视质量。有线电视和数字电视正在现代城镇和乡村逐步普及，已成为乡村居民获得高质量电视信号的主要途径。

有线电视与有线电话同属弱电系统，其线路布置的原则和要求与电信线路基本相同，所以，在规划时，可参考电信线路的设置与布局。

此外，随着计算机互联网的迅猛发展，网络给当代社会和经济生活日益带来着巨大的变化。虽然目前计算机网络在乡村尚不普及，但随着网络技术和宽带网络设施的不断完善，计算机网络在乡村各行各业和日常生活中的应用将日新月异。这就要求在编制乡村电信规划时，应对网络的发展给予足够重视并留有充分的空间余地。

第六节　美丽乡村绿地建设

一、乡村绿地的分类

乡村绿地的分类，主要有如下 4 种。

1. 防护绿地

这种绿地具有双重作用，一是可以美化环境；二是可用于安全、卫生、阻风减尘，如水源保护区、公路铁路的防护林带、工矿企业的防护绿地、禽畜养殖场的卫生隔离带等。

2. 公园绿地

这是指为居民服务的村镇级公园、村中小游园，以及路旁、水塘、河堤上宽度大于 5m，设有游憩设施的绿地带。

3. 附属绿地

所谓附属绿地，就是指除绿地外其他建筑用地中的绿地，如居住区中的绿地，工业厂区、学校、医院、养老院中的绿地等。对附属绿地进行规划时，应结合乡村绿化规划的整体要求以及用地中的建筑、道路和其他设施布置的要求，采取多种绿地形式来改善小气候和优化环境。

4. 其他绿地

其他绿地是指水域和其他用地中的绿化地带。

二、绿化系统规划布局

绿地与乡村的建筑、道路、地形要有机联系在一起，以此形成绿荫覆盖、生机盎然，构成乡村景观的轮廓线。绿地空间的布局形式，是体现乡村总体艺术布局的一项基本内容。布局形式不但要符合地理条件的需要，还要继承和发扬当地传统的艺术布局风格，形成既具有地方特色，又富有现代布局风格的空间艺术景观。它是提高乡村的建设品位，创建美丽乡村品牌的重要表现。常用的绿地空间布局形式有以下 4 种。

1. 点状布局

指相对独立的小面积绿地，一般绿地面积在 0.5~1.0hm^2 不等，有的甚至只有 100m^2 左右，其中街头绿地面积不小于 400m^2，是见缝插绿、降低乡村建筑密度、提高老街道绿化水平、美化乡村面貌的一种较好形式。

2. 块状布局

乡村绿地的块状布局，指一定规模的街心花园或大面积公共绿地。

3. 带状布局

这种布局多利用河湖水系、道路等线性因素，形成纵横向绿带网、放射性环状绿带网。带状绿地的宽度不小于 8m。它对缓解交通环境压力、改善生态环境、创造乡村景观形象和艺术面貌特色有显著的作用。

4. 混合式布局

它是前 3 种形式的综合运用，可以做到乡村绿地布局的点、线、面结合，组成较完整的绿地体系。其最大优点是能使生活居住区获得最大的绿地接触面，方便居民游憩，有利于就近区域小气候与乡村环境卫生条件的改善，有利于丰富乡村景观艺术面貌。

三、乡村绿化规划

在环境绿化规划中，各地应以大环境绿化为中心，公共绿地建设为重点，道路绿化为骨架，专用绿地绿化为基础，将点、线、面、圈的绿化建设有机地联系起来，构成完整的绿地系统。实现山清水秀，村在林中，房在树中，人在绿中，绿抱村庄，绿荫村民的效果。在规划时，应根据绿地的分类、使用功能和场所

进行。

1. 公园绿地规划

美丽乡村建设中，乡镇中的公园是为村民提供休憩、游览、欣赏、娱乐为主的公共场所。在对乡村公园进行规划时，应以本地植物群落为主，也可适当引进外地观赏植物，来丰富绿化档次、提高景观水平。

2. 防护绿地规划

对防护绿地进行规划，主要包括卫生防护林和防护林带。

当前，有的乡村经营煤炭生意，还有的在乡村附近建混凝土搅拌站、水泥厂、生石灰窑以及产生有害气体的村办企业等。为了保护居住生活区免受煤灰、水泥灰、白灰粉和有害气体的污染侵害，就要规划设置卫生防护林带，林带宽度应大于30m；在污染源或噪声大的一面，应规划布置半透风林带，在另一面规划布置不透风式林带。这样可使有害气体被林带过滤吸收，并有利于阻滞有害物质而使其不向外扩散。在村边的禽、畜饲养区周围，应规划设置绿化隔离带，特别应在主风向上侧设置1~3条不透风的隔离林带。

防护村镇的林带，规划设置时应与主风向垂直，或有30°的偏角，每条林带的宽度不小于10m。

3. 附属绿地

(1) 街道绿化。规划街道绿化时，必须与街道建筑、周边环境相协调，不同的路段应有不同的街道绿化。由于行道树长期生长在路旁，必须选择生长快、寿命长、耐旱、树干挺拔、树冠大的品种；而在较窄的街道则应选用较小的树种。南方的乡村应选四季常青、花果同兼的绿化树木。

在街头，可因地制宜地规划街头绿化和街心小花园，并应结合面积的大小和地形条件进行灵活布局。

(2) 居住区绿化。居住区绿化，是美丽乡村建设中的重戏，

是衡量居住区环境是否舒适、美观的重要指标。可结合居住区的空间、地理条件、建筑物的立面，设置中心公共绿地，面积可大可小，布置灵活自由。面积较大时，应设置些小花坛、水面、雕塑等。

在规划时，不能因为绿化而影响住宅的通风与采光，应结合房屋的朝向配备不同的绿化品种。如朝南房间，应离落叶乔木有5m间距；向北的房间应距离外墙最少3m。配置的乔灌木比例一般为2∶1，常绿与绿叶比例为3∶7。

（3）公共建筑绿化。公共建筑绿化是公共建筑的专项绿化，它对建筑艺术和功能上的要求较高，其布局形式应结合规划总平面图同时考虑，并根据具体条件和功能要求采用集中或分散的布置形式，选择不同的、能与建筑形式或建筑功能相搭配的植物种类。

（4）工厂绿化。规划工厂绿化，应根据工厂不同的生产性质，对绿化实行“看人下菜碟”。凡是有噪声的车间周围应选树冠矮、树枝低、树叶茂密的灌木与乔木，形成疏松的树群林带；有害车间附近的树木种植不宜过密，切忌乔灌混交种植。对阻尘要求较高的车间则应在主风向上侧设置防风林带，车间附近种植枝叶稠密、生长健壮的树种。

除了上面的规划内容外，还可以结合当地的特产农业，规划建设乡村经济观赏绿化带，既可有农产品收入，又能起到绿化乡村的作用。

第七节　美丽乡村景观设计

一、村镇小广场设计

1. 规划设计基本要求

（1）对小广场进行规划设计时，必须和该地区的整体环境协调统一。

(2) 广场上的亭、廊、宣传栏、雕塑、喷泉、叠石、照明、花坛等设施要考虑其实用性、趣味性、艺术性和民族性。

2. 规划设计的原则

(1) 要结合广场的地形条件，来确定小广场的空间形态、空间的围合、尺度和比例。

(2) 因地制宜，不失民族特色。要采用本地区的工艺、色影、造型，充分体现当地的文化特征。

(3) 尺度适宜，体量得当。设计时从体量到节点的细部设计，都要符合居民的行为习惯。

(4) 注重历史文脉，增加现代化气息。要挖掘历史和传统文化的内涵，传承当地的文化遗产，结合现代材料，使之具有时代感。

3. 乡村广场的布局形式

在乡村中，由于村庄的规模都不是很大，所以就要在“小”字上下功夫，具有小巧玲珑、功能俱全的特点。乡村小广场的布局形式主要有广场中心式和沿街线状式。

广场中心式，既是以小广场为中心，沿广场四周可以布置乡村文化活动室、购物商店、健身设施等，又可作为农闲时娱乐场所。

沿街线状布局形式是指将公共建筑沿街道的一侧或两侧集中布置，它是我国乡村中心广场的传统布置形式。这种布置具有浓厚的生活气息。

二、乡村小游园的设计

乡村小游园具有装饰街景、增加绿地面积、改善生态环境之功效，是供村民休息、交流、锻炼、纳凉和进行一些小型文化娱乐活动的场所。

小游园按其平面布置主要有 3 种方式。

1. 规则式

这种布置有明显的主轴线，小游园的园路、水体、广场依据一定的几何图案进行布局。绿化、小品、道路呈对称式或均衡式布局，给人以整齐、明快的感觉。

2. 自然式

这种游园布局灵活，富有自然气息，它依景随形，配景得体，采用自然式的植物种植，呈现出自然精华和植物景观。

3. 混合式

这种布局既有自然式的灵感，又有规则式的整齐，既能与四周环境相协调，又能营造出自然景观的空间。

但在规划设计乡镇小游园时，必须因地制宜，力求变化；特点鲜明突出，布局简洁明快；要小中见大，空间层次丰富；对建筑小品，要以小巧取胜。植物种植要以乔木为主，灌木为辅，园内应体现出“春有芳花香，夏有浓荫凉，秋有果品赏，冬有劲松绿”，使园内四季景观变化无穷。

三、建筑小品的规划设计

乡村街道上建筑小品主要有：路灯、街道指示牌、花坛、雕塑和座椅等。在规划设计时，它不仅在功能上能满足村民的行为需要，还能在一定程度上调节街道的空间感受，给人留下深刻的印象。

乡村街道上的路灯，不必非用冷冰冰的水泥电杆，可以选用经过加工造型的铁杆，采用太阳能节能灯、风力发电路灯等。

街道指示牌是外乡人进入该村的导路牌，是乡村规范化的名片符号，它们往往比建筑更加重要。所以，这些路牌色彩应显明，造型应活泼，位置应合理，标志应清晰。街道指示牌的高度和样式一定要统一，不能五花八门，既要有景观的效果，又要有指示的功能。

街道上的花坛是指在绿地中利用花卉布置出精细美观的绿化景观。它既可作为主景，又可作为配景。在对其规划时，则应进行合理的规划布局，从而达到既美化街道环境，又丰富街道空间的作用。一般情况下，花坛应设在道路的交叉口处，公共建筑的正前方。花坛的造型主要有独立式、组合式、立体式或古典式，但是均应对花坛表面进行装饰。

街道雕塑小品，一般有两大风格，即写实和抽象。写实风格的雕塑是通过塑造真实人物的造型来达到纪念的目的。而抽象雕塑则是采用夸张、虚拟的手法来表达设计意图。

在乡村街道和游园广场中，还要设置具有艺术风格和一定数量的座椅，既有乡村建筑小品的情趣，又可为临时休息的村民提供方便。

第八节　美丽乡村生态环境规划

一、乡村标志设置

乡村标志系统绝对不可忽视，特别是乡村旅游规划中，这必然是一个不可或缺的部分。出色的乡村标志不但是一种导向载体，而且是乡村形象的宣传者。

1. 标志系统的分类

标志系统是以标志设计为导向，综合解决信息传递、识别、辨别和形象传递等功能的整体解决方案。通常分为识别系统、方向系统、空间系统、说明系统、管理系统。

（1）识别系统。以形象识别为目的，使人们识别出不同场所。

（2）方向系统。通过箭头来表示方向，引导人们快速便捷

的到达目的地（图 6-7）。

图 6-7　方向系统

（3）空间系统。以全面的指导为原则，通过地图来表示地点间的位置关系。与方向系统不同的是，空间系统是以整体告知环境的状况，通常会指出行人的所在位置和重要出入口的方向（图 6-8）。

图 6-8　空间系统

(4) 说明系统。对环境进行陈述性的解释和说明。

(5) 管理系统。规范人们言行举止和责任义务等，提醒人们法律条例和行为准则。

2. 标志系统的设计思路

(1) 从自然环境导入。每个地区自然地貌的特征是具有地域性特点的，自然环境造就的特殊地理位置是独一无二的。乡村的建筑设计风格也随之自然因素有所改变而各有特点。利用自然环境的生存，标志设计更是应该适应当地的自然风情，与之相和谐。

(2) 从历史积淀导入。每个乡村都有其独特的历史底蕴和文化特色，尊重地域性的传统风情是尊重每个乡村的特色。

(3) 从地域文化导入。地域文化是独具地方特色的生活习俗积累出来的，历史文化的传承是每个乡村发展过程中提炼的最优秀的品质，是人们对历史的凝练。

(4) 从乡村色彩导入。标志设计中色彩的提炼是从乡村发展过程中呈现的多元素的色彩总结和归纳出来的，是乡村文化的载体。

3. 乡村符号设计

符号是由能指和所指构成，能指是具体的事物（符号形式），所指是心理上的概念（符号内容）。标志是由形式符号（能指）和意象符号（所指）构成。

符号学把符号分为3种：概念性、形象性、象征性。

(1) 概念性符号。多用于美丽乡村中识别系统和空间系统，除与标准符号相符合以外，应设计一些特殊代表的简洁符号配合使用。

(2) 形象性符号。通过具体形象的设计、表现来明确区域典型形象的特征。例如，在西双版纳街头排列的热带棕榈类植物，重复提示着该区域的热带特征。形象性符号多用于村标和纪

念品、工艺品。

(3) 象征性符号。象征符号往往都拥有深厚的文化背景，可以浓缩区域文化的形象精华，含义丰富。色彩的象征作用更为明显。象征性的符号主要用作标志、识别系统设计。

二、乡村环境控制

生活居住是乡村的基本功能之一，居住区是美丽乡村的重要组成部分，居住区的空间环境和总体形象不仅对居民的日常生活、心理和生理健康产生直接的影响，还在很大程度上反映了这个乡村的基本面貌。

对居住区环境的规划，不仅要满足住户的基本生活需求，还要着力创造优美的空间环境，为村民提供日常交往、休息、散步、健身等户外活动的生存需求、生理需求、安全需求、美的需求。对美丽乡村居住区环境进行优化，就是要充分重视居住区户外环境的优化，对宅旁绿地、小游园等开敞空间，儿童、青少年和老年人的活动场地，道路组织、路面和场铺装、建筑等进行精心组织，为村民创造高质量的生活居住空间环境和生态环境。

1. 大气环境控制

大气是人类生存不可缺少的基本物质。乡村大气污染的污染源主要有工业污染、生活污染、交通运输污染三大类。控制大气污染，提高空气质量的主要措施是改变燃料结构，装置降尘和消烟环保设施，以减少污染，采用太阳能、沼气、天然气等洁净能源，增加绿地面积，强化监管措施，严格执行国家有关环境保护的规定。

2. 水环境控制

水是人类赖以生存的基本物质保证。水环境控制规划包括水资源综合利用和保护规划与水污染综合治理规划两方面内容。

依据乡村耗水量预测，分析水资源供需平衡情况，制定水资源综合开发利用与保护计划，在对地下水水源要全面摸清储量的基础上，实现计划开采。对不同水源保护区，应加强管理，防止污染；对滨海乡村，应根据岸线自然生态特点，制定岸线与水域保护规划，严格控制陆源污染物的排放；制定水资源的合理分配方案和节约用水、回水利用的对策与措施；完善乡村给水与排水系统；对缺水地区探索雨水利用的新途径和新方法。

乡村水污染综合整治规划主要有：根据乡村发展计划，预测污水排放量；正确确定排水系统与污水处理方案，推广水循环利用技术，减少污水处理量；减少水土流失与污染源的产生；加强工业废水与生活污水等污染源的排放管制。

3. 固体废弃物的控制与处理

固体废弃物包括居住区的生活垃圾、建筑垃圾、工厂的废弃物、农作物秸秆及商业垃圾等，是乡村主要的污染源。固体废弃物的控制，首先要从源头上尽可能减少固体废弃物的产生。这就要积极发展绿色产业，提倡绿色消费，提高村民的环境保护意识，严格控制“白色污染”，发展可降解的商品；提高全民的文明程度，养成良好的卫生习惯，自觉维护环境的清洁；提高固体废弃物回收与综合利用，变废为宝，实现固体废弃物的资源化、商品化。

在乡村中，应结合街道的规划布局，设置垃圾箱，一方面可为村民提供方便的清理垃圾的工具；另一方面通过巧妙设计也能使其成为街道一景。

4. 修建公共厕所

在美丽乡村建设中，应把沿街道上的私家厕所进行搬迁入户，同时还要结合人居分布情况和环境要求修建公共厕所。在用水方便的地区可以采用水冲式，用水紧张的地区可为旱厕。在规划时，有旅游资源的乡村公厕间距，应在300m左右；一般街道的公厕间距为1 000 m以下；居住区公厕间距在300~500m。

三、乡村防洪规划

靠近江、河、湖泊的乡村和城镇，生产和生活常受水位上涨、洪水暴发的威胁和影响，因此在规划设计美丽乡村和居民点选址时，应把乡村防洪作为一项规划内容。乡村防洪工程规划主要有如下内容。

1. 修筑防洪堤岸

根据拟定的防洪标准，应在常年洪水位以下的乡村用地范围的外围修筑防洪堤。防洪堤的标准断面，视乡村的具体情况而定。土堤占地较多，混凝土堤占地少，但工程费用较高。堤岸在迎河一面应加石块铺砌防浪护堤，背面可植草保护。在堤顶上加修防特大洪水的小堤。在通向江河的支流或沿支流修筑防洪堤，或设防洪闸门，在汛期时用水泵排除堤内侧积水，排涝泵进水口应在堤内侧最低处。

由于洪水与内涝往往是同时出现的，所以，在筑堤的同时，还要解决排涝问题。支流也要建防洪设施。排水系统的出口如低于洪水水位时，应设防倒灌闸门，同时，也要设排水泵站。也可以利用一些低洼地、池塘蓄水，降低内涝水位，以减少用水泵的排水量。

2. 整治湖塘洼地

乡村中的湖塘洼地对洪水的调节作用非常重要，所以应结合乡村总体规划，对一些湖塘洼地加以保留和利用。有些零星的湖塘洼地，可以结合排水规划加以连通，如能与河道连通，则蓄水的作用将更为加强。

3. 加固河岸

有的乡村用地高出常年洪水水位，一般不修筑防洪大堤，但应对河岸整治加固，防止被冲刷崩塌，以致影响沿河的乡村用地及建筑。河岸可以做成垂直、一级斜坡、二级斜坡，根据工程量大小做比较方案。

4. 修建截流沟和蓄洪水库

如果乡村用地靠近山坡，那么为了避免山洪泄入村中，增加乡村排水的负担，或淹没乡村中的局部地区，可以在乡村用地较高的一侧，顺应地势修建截洪沟，将上游的洪水引入其他河流，或在乡村用地下游方向排入乡村邻近的江河中。

5. 综合解决乡村防洪

应当与所在地区的河流的流域规划结合起来，与乡村用地的农田水利规划结合起来，统一解决。农田排水沟渠可以分散排放降水，从而减少洪水对乡村的威胁。大面积造林既有利于自然环境的保护，也能起到水土保持作用。防洪规划也应与航道规划相结合。

四、乡村消防规划

对美丽乡村进行总体规划时，必须同时制定乡村消防规划，以杜绝火灾隐患，减少火灾损失，确保人民生命财产的安全。

1. 消防给水规划

(1) 消防用水量。消防用水量是保障扑救火灾时消防用水的保证条件，必须足量供给。

规划乡村居住区室外消防用水量时，应根据人口数量确定同一时间的火灾次数和一次灭火所需要的水量。此外，乡村室外消防用水量还必须包括乡村中的村民居住区、工厂、仓库和民用建筑的室外消防用水量。在冬季最低气温达到零下 10℃ 的乡村，如采用消防水池作为消防水源，则必须采取防冻措施，保证消防用水的可靠性。城镇中的工厂、仓库、堆场等设有独立的消防给水系统时，其同一时间内火灾次数和一次火灾消防用水量可分别计算。

在确定建筑物室外消防用水量时，应按其消防需水量最大的

两座建筑物或一个消防分区计算。

（2）消防火栓的布置。乡村的住宅小区及工业区，其市政或室外消火栓的规划设置应符合下列要求。

消火栓应沿乡村道路两侧设置，并宜靠近十字路口。消火栓距道边不应超过 2m，距建筑物外墙不应小于 5m。油罐储罐区、液化石油气储罐区的消火栓，应设置在防火堤外；室外消火栓的间距不应超过 120m；市政消火栓或室外消火栓，应有一个直径为 150mm 或 100mm 和 2 个直径 65mm 的栓口。每个市政消火栓或室外消火栓的用水量应按 10～15L/s 计算。室外地下式消火栓应有一个直径为 100mm 的栓口，并应右明显的标志。

（3）管道的管径与流速。选择给水管道时，管径与流速成反比。如果流速较大，则所需管材就小些，如果采用较小流速，就需要用较大的管径。所以，在规划设计时，要通过比较，选择基建投资和设备运转费用最为经济合理的流速。一般情况下，0.1～0.4m 的管径，经济流速为 0.6～1.0m/s；大于 0.4m 的管径，经济流速为 1.0～1.4m/s。

关于消防用水管道的流速，既要考虑经济问题，又要考虑安全供水问题。因为消防管道不是经常运转的，如果采用小流速大管径是不经济的，所以宜采用较大流速和较小管径。根据实践经验，铸铁管道消防流速不宜大于 2.5m/s；钢管的流速不宜大于 3.0m/s。

凡是新规划建设的居住区、工业区，给水管道的最小直径不应小于 0.1m，最不利的市政消火栓的压力不应小于 0.1～0.15MPa，其流量不应小于 15L/s。

（4）消防通道规划。乡村街区内的道路，应考虑消防车执行任务时的通路，当建筑的沿街部分长度超过 150m 或总长度超过 200m 时，均应设置穿越建筑物的消通道，并且还应设置消防车道的回车场地，回车场地的面积不小于 $12m^2$。

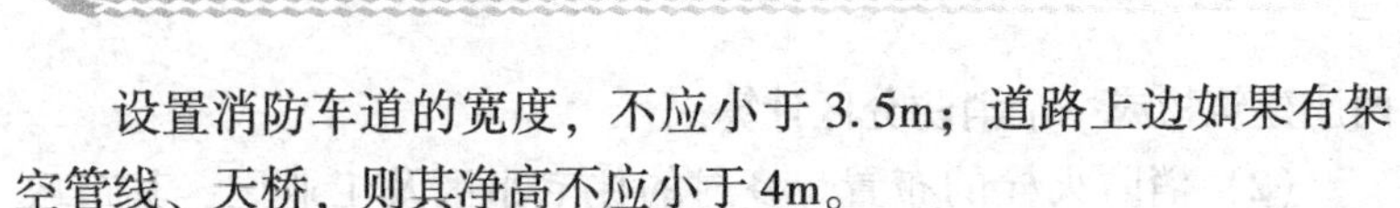

设置消防车道的宽度，不应小于3.5m；道路上边如果有架空管线、天桥，则其净高不应小于4m。

2. 居住区消防规划

居住区的消防规划是乡村中消防规划的重中之重，必须认真规划。

(1) 居住区总体布局中的防火规划。乡村居住区总体布局应根据乡村规划的要求进行合理布置，各种不同功能的建筑物群之间要有明确的功能分区。根据居住小区建筑物的性质和特点，各类建筑物之间应设必要的防火间距。

设在居住区内的煤气调压站、液化石油气瓶库等建筑也应与居住的房屋间留有一定的安全间距。

(2) 居住区消防给水规划。在居住区消防给水规划中，有高压消防给水管道的布置、临时高压消防给水管道布置、低压给水管道布置等。这些给水管道均能保证发生火灾时消防用水。但在乡村中，基本上采用生活、生产和消防合用一个给水系统，这种情况下，应按生产、生活用水量达到最大时，同时，要保证满足距离水泵的最高、最远点消火栓或其消防设备的水压和水量要求。

小区内的室外消防给水管网应布置成环状，因为环状管网的水流四通八达，供水安全可靠。

在水源充足的小区，应充分利用河、湖、堰等作为消防水源。这些供消防车取水的天然水源和消防水池，应规划建设好消防车道或平坦空地，以利消防车装水和调头。

在水源不足的小区，必须增设水井，以弥补消防用水的不足。

3. 居住区消防道路规划

居住小区道路系统规划设计，要根据其功能分区、建筑布局、车流和人流的数量等因素确定，力求达到短捷畅通；道路走

向、坡度、宽度、交叉等要依据自然地形和现状条件，按国家建筑设计防火规范的规定科学地设计。当建筑物的总长度超过220m时，应设置穿过建筑物的消防车道。消防车道下的管沟和暗沟应能承受大型消防车辆过往的压力。对居住区不能通行消防车的道路，要结合乡村改造，采取裁弯取直、扩宽延伸或开辟新路的办法，逐步改观道路网，使之符合消防道路的要求。

第七章　美丽乡村的项目建设

第一节　支持“三农”发展的项目

近年来，各级政府新增加了许多支持“三农”（农村、农业、农民）发展的项目。主要有20类项目。

一、农民培训项目

农业和农村办公室（简称农办，下同）、农业等部门负责的职业农民培育、农村优秀人才培养、农村实用技术人才培训和“绿证”培训。农办负责实施的阳光工程培训，农办、社会保障等部门负责的农村劳动力职业技能培训。

二、科技示范项目

科技、农业部门负责的特色优势产业基地，科技支持及先进农机具、设施农业等项目；农业、林业、库区移民局等负责的农村“五新”技术（新工艺、新技术、新材料、新产品前所进行的新操作方法、新工作岗位的安全教育）示范等支持项目；科技、农科教办实施的科技示范户、核心农户示范项目。

三、乡村旅游业项目

农业、旅游等部门负责的休闲农业、旅游农业、乡村旅游示范项目；林业部门负责的“森林人家”示范项目。

四、产业发展支持项目

除了中央的支农、惠农、富农政策之外，主要有如下项目。

1. 农业部门负责的种植养殖业支持项目

含设施农业、园区建设、示范基地、农业基地、家庭农场、特色优势农产品基地建设等项目。

2. 林业部门负责的竹业、花卉产业支持项目、林下经济发展项目

国家相关部门结合各地林下经济发展的需求和相关资金渠道，对符合条件的项目予以支持。天然林保护、森林抚育、公益林管护、退耕还林、速生丰产用材林基地建设、木本粮油基地建设、农业综合开发、科技富民、新品种新技术推广等项目，以及林业基本建设、技术转让、技术改造等资金，应紧密结合各自项目建设的政策、规划等，扶持林下经济发展。例如，福建省省级财政自2013年起，连续3年，每年安排3 000万元对林下经济发展予以补助，市、县（区）财政同期要安排资金对林下经济发展予以扶持。大力发展林花、林果、林药、林脂、林蜂、林禽、林菌等林下种植、林下养殖，以及森林旅游、采集加工等以非木质利用为重点的林下经济。

3. 农业、林业部门组织实施的产业化和农产品加工发展项目

4. 渔业部门负责的养殖发展和水乡渔村与休闲渔业示范基地项目

5. 农民专业合作社发展扶持项目

（1）国家级示范社。农业部安排农民专业合作社经济组织建设扶持项目，安排农民专业合作社经济组织标准化示范项目。

（2）省级示范社。每年扶持省级示范社建设，给予一定额度的资金扶持。

五、村庄规划、垃圾处理和家园清洁项目

住建、规划部门负责的乡村建设规划修编和垃圾处理设施建设与家园清洁支持项目。

六、旧村复垦与土地整理项目

国土资源等部门负责的旧村复垦、土地整治、土地垦复等项目。

七、农村公路建设项目

交通部门负责的通村公路拓展延伸项目，农村公路养护配套项目；村村通客车项目。

八、农村饮用水工程项目

水利部门负责的农村水利项目，发改委和水利部门实施的集中供水和安全饮用水、自来水工程向自然村伸延、拓展等项目。发改委负责的“以工代赈”项目。

九、生态环境与农村环境整治项目

由林业部门负责的村镇绿化项目；农业、林业局组织实施的农村“一池三改”、生态公益林等项目；环保部门负责的生态乡镇、生态村创建和农村环境连片整治、污染整治项目。水利、水保部门负责的水土流失治理和生态建设项目。

十、农田基本建设项目

烟基工程与烟基水源工程、农业综合开发工程、中低产田改造工程、土地整理工程、小型农田水利重点县建设项目、库区移民农田基础建设工程等项目。

十一、服务体系建设项目

农办、农业部门负责的村级服务站或便民服务点，农村信息化服务点及“世纪之村”服务平台建设项目。供销社负责的专业合作社发展和新网工程、村级综合服务站、“农家店”等农村物流服务项目。供销社系统组织实施的社区综合维修服务体系建设项目，建设县级综合维修服务中心、乡（镇）综合维修服务站、村级维修点。

十二、农村社会保障体系项目

扶持发展社会福利和慈善事业及民办养老服务机构项目。农业、农村、农民政策性保险试点项目。

十三、精神文明创建项目

文明办牵头的文明村镇创建项目。

十四、文化活动场所建设项目

农村文化活动场所（文化站、文化大户、农家书屋、移动“三农”书屋等）和农村电影设备等建设项目。文广新局组织实施的激情广场建设项目和激情广场群众性文化活动示范点；体育部门组织实施的农民体育健身工程。移动公司组织实施的“三农”书屋项目。

十五、体育健身活动场所建设项目

体育局负责的农民体育场所与健身设施兴建项目，建设农民体育健身工程点，配建标准篮球场或羽毛球场、健身路径等。

十六、农村医疗卫生和计生事业建设项目

卫生与计生部门负责的农村医疗卫生事业和生育健康建设示范项目。

十七、农村基层组织建设示范项目

组织部门负责的党建综合示范点、村级活动场所建设项目；民政部门负责的农村社区建设项目。

十八、扶贫开发造福工程与危房改造项目

扶贫开发整村推进和产业扶贫项目。30户以下的偏僻山村、经国土部门认定的地质灾害点以及贫困残疾人等六类搬迁造福工程项目。农村危房改造补助项目。

十九、村级公益事业“一事一议”财政奖补政策

对村民“一事一议”筹资筹劳项目给予奖补，奖补范围主要包括农民直接受益的村内小型水利设施、村内道路、环卫设施、植树造林等公益事业建设，优先解决群众最需要、见效最快的村内道路硬化、村容村貌改造等公益事业建设项目。财政奖补既可以是资金奖励，也可以是实物补助。

二十、社会各界支持或捐建项目

由社会团体、社团组织和大中专院校、科研院所等事业单位，移动公司、电信公司、电力公司、人保财险公司、烟草公司及华润集团等央企支持资助的农村建设和社会事业发展项目；农业产业化龙头企业及外出乡贤捐建赞助支持项目。

目前，由村一级组织实施的项目中，最有基础的项目是生态村创建项目。生态村创建可以从申报市级生态村开始，逐步申报

省级、国家级。

最有资金、最快可以启动的项目是旧村复垦、农业综合开发、烟基工程项目。由国土资源部门负责的旧村复垦、土地整理与城乡建设用地增减挂钩项目，比较容易列入支持项目，且资金量大，工程经费与拆迁补助较好解决。做此项目，投入100多万元启动美丽乡村建设，对山区乡村是条很好的路子。由烟草部门资助兴建的烟基水源工程、烟基工程项目和农综办（农发办）负责的综合开发项目，是改善农村生产生活条件资金量较大的建设项目。

最方便、最好做的项目是各级试点项目。近年来，各级将分期分批开展美丽乡村建设试点示范。列入试点之后，政府支持、启动资金，项目安排都可以得到较好解决。

据调查，目前，村级普遍最需要兴办、最有公益效果和最希望政府、企业、社会各界支持的项目是：①农民专业合作社购置农产品运输、冷藏、精选、包装设备及相关设施兴建项目；②休闲观光农业、乡村旅游业公共场所兴建或特色景观打造项目；③村主干道或自然村道路灯装配项目；④以骨灰存放为主的纪念堂兴建项目；⑤风景片林或风水塘建造项目。

第二节　项目的申报条件与流程

一、生态建设项目

主要是由各级环境保护部门的生态乡（镇）、生态村创建项目，可逐级申报市级、省级、国家级生态村、生态乡（镇）。

1. 省级生态乡镇申报流程

（1）申报范围。市辖区、县级市、县以下各类建制镇、乡、涉农街道等乡（镇）级行政区划单位。

（2）申报条件。以福建省为例，经自查达到《福建省省级生态乡镇建设指标》各项要求的单位，可以申报。

（3）申报程序、内容与时间。

①申报程序：申报省级生态乡镇由乡镇人民政府向县（市、区）人民政府提出申请并获批准，经设区（市）环保局验收审查合格后，向省环保厅提出复核申请。

②申报内容：乡（镇）人民政府的申请报告必须附有建设省级生态乡镇的工作总结和技术报告。工作总结包括建设工作的组织领导、建设主要内容和措施，以及取得的成效；技术报告包括省级生态乡（镇）申报表和各项指标完成情况的证明材料（包括监测、检测报告）。

③申报时间：区（市）环保局向省环保厅提出复核申请的截止时间为每年的5月30日。

（4）审查与复核。

①设区（市）环保局：第一，对申报省级生态乡（镇）的材料进行审查。经审查合格的，组织专家组到申报乡（镇）进行实地考核。实地考核包括听取汇报、查阅资料、现场检查、社会调查等。对实地考核中发现的问题，专家组应指导申报乡镇做好改进工作。实地考核结束后，专家组向区（市）环保局提交考核报告。第二，依据专家组考核报告对被考核的乡（镇）提出是否达到省级生态乡（镇）建设指标的审查意见，并对经审查认为达到省级生态乡（镇）建设指标的乡（镇）在地（市）级主要媒体上公示，对公示有疑问的乡（镇）进行复查。第三，对公示通过（或复查合格）的乡（镇），向省环保厅提出复核申请，同时，提交专家组考核意见、公示情况及复查情况。

②省环保厅复核：第一，省环保厅接收到设区（市）环保局报送的审查意见和复核申请后2个月内，组织专家组核查材

料，对各设区（市）环保局申报的乡（镇）按原则不低于15%的比例开展现场抽查。在现场抽查中，若发现抽查数量1/3以上的乡（镇）在申报过程中存在弄虚作假行为，则取消该设区（市）环保局本次所有申报乡（镇）的审议资格，并在下一年暂停受理该设区（市）环保局省级生态乡（镇）复核申请。第二，根据专家组提出的核查意见和现场抽查情况，对符合条件的乡（镇），将以公告等形式向社会公布。

（5）监督管理。

①省环保厅对达到省级生态乡（镇）建设指标的乡（镇）实行动态管理，每3年组织1次复查。复查由设区（市）环保局负责实施，复查发现问题的乡（镇）要限期整改，整改时限为半年。设区（市）环保局应于每年10月底前将本年度复查情况及整改落实情况报送省环保厅。

②省环保厅对各设区（市）环保局的省级生态乡（镇）管理工作进行抽查，抽查发现问题较多的乡（镇），提出限期整改要求。经整改问题依然存在的，取消其省级生态乡（镇）称号，并暂停受理该市的省级生态乡（镇）验收申请。

③设区（市）环保局应建立、完善省级生态乡（镇）申报、审核、专家组考核、公示、复查等制度，规范省级生态乡（镇）建设和管理工作。

④已命名的省级生态乡（镇）应不断巩固深化创建工作，每年向设区（市）环保局提交年度工作报告。设区（市）环保局应在每年10月底前向省环保厅上报本市上一年度省级生态乡（镇）工作总结，包括申报情况、建设情况、日常管理情况、建章立制情况等。

⑤获得省环保厅命名的乡（镇），应加强辖区内环境监管，若辖区内出现较大（三级）以上级别的环境事件，当地政府未能及时妥善处理、造成严重社会影响的，或多次接到当地群众环

境举报，若发生严重环境违法行为，一经查实的，省环保厅将取消其省级生态乡（镇）资格。

2. 省级生态村申报与实施管理

（1）省级生态村由各村民委员会自愿申请。各村经过生态村的创建，达到《福建省级生态村创建标准》中基本条件和各项考核指标要求，可以向村所在乡（镇）人民政府提出，并由乡镇政府向县（市、区）环保局提出申请。经县（市、区）环保局预审后，提出书面意见报省环保，同时，抄送设区的市环保局。

（2）省级生态村申报和评定工作原则上每年进行1次。对已获得省级生态村称号的村每3年复核1次；对不符合省级生态村标准的，将撤销其省级生态村称号。

（3）省级生态村的考核验收。省环保厅组织考核验收组（或委托设区市环保局组织）以《福建省级生态村创建标准》为依据，采取听取汇报、查阅资料、实地考核、征求意见综合评分等方法进行考核验收，省环保厅根据有关材料及考核验收组的验收意见，决定是否命名。

（4）省环保厅在已命名的省级生态村中推荐各项考核指标优秀者，参加国家级生态村评选。

（5）各项考核指标达到《国家级生态村创建标准（试行）》的，可以直接申请参加国家级生态村的评选。

3. 生态文明示范项目申报

生态文明示范县、示范村镇、示范点等项目由林业部门牵头负责。

国家级、省级生态文明村分别由挂靠在林业部门的国家、省生态文化协会授予。

4. 省级生态文明教育基地称号申报条件与流程

生态文明教育基地称号采用命名制，实行动态管理。国家级

生态文明教育基地由国家林业局负责。省级生态文明教育基地管理的日常工作由省林业厅负责。省林业厅设立省级生态文明教育基地管理工作办公室，成员单位包括省林业厅、教育厅、团省委有关处、室。各市级林业主管部门负责协商同级教育行政部门、共青团组织，并汇总本市省级生态文明教育基地的申报审查工作。

（1）省级生态文明教育基地基本条件。

①生态景观优美，人文景物集中，观赏、科学、文化价值高，地理位置特殊，具有一定的区域代表性，服务设施齐全，有较高的知名度；或者具有较强的生态警示作用；或者拥有比较丰富的生态教育资源。

②具备富有特色的生态、科普教育和宣传的展室、橱窗、廊道等基本设施，并设有专门负责接待中小学参观讲解的专门机构或人员，能够为中小学生的参观提供适合的教育和服务。

③文化活动突出生态主题，教育内容和活动形式丰富多样，参与人数通常情况下每年应达到5万人次；因客观条件未能达到上述要求的，经省级生态文明教育基地管理工作办公室认可，可以不受5万人次限制。

④有专门的管理机构，有完善的管理制度，无不正当经营及违章违规现象。

⑤有固定的资金渠道，保证设施、设备的运行和维护。

（2）命名程序。省级生态文明教育基地申报单位根据省级生态文明教育基地管理工作办公室发布的有关文件，提出书面申请报告（包括本单位基本情况、基础设施建设、生态文明教育活动的开展情况、主要成果等内容），填写《省级生态文明教育基地申报表》，经市级林业主管部门商同级教育行政部门、共青团组织审核同意，报省级生态文明教育基地管理工作办公室。

省级生态文明教育基地管理工作办公室受理各设区（市）林业主管部门申报材料后，负责组织有关方面专家和负责同志形成评审委员会，对申报材料进行实地审核把关。

省级生态文明教育基地管理工作办公室对评审委员会的意见汇总后，报省林业厅、教育厅、团省委批准授予省级生态文明教育基地称号，并颁发证书和牌匾。

对开展生态文明教育活动积极、社会影响大、效果好的单位，可由省级生态文明教育基地管理工作办公室直接提名报批。

省级生态文明教育基地每批命名的总量和不同类型的比例由省林业厅、教育厅、团省委研究确定。

二、休闲旅游景观项目

主要有旅游部门负责的乡村旅游项目，农业部门负责的休闲农业示范点项目如下。

1. 项目内容

休闲农业品牌培育试点项目的资金主要用于设施改造、素质提升、宣传推介和公共服务等方面，每个项目资金申请额度为20万元。

（1）设施改造。主要用于休闲农业经营点路标、指示牌、停车场和环保设施的改造升级以及公共环境的绿化美化等。

（2）素质提升。主要用于休闲农业经营点对员工的业务培训，以及创意项目设计、特色产品开发等。

（3）宣传推介。主要用于休闲农业经营点外围的广告牌制作、重大宣传推介活动的举办等。

（4）公共服务。主要用于休闲农业集聚村创新公共服务方式，拓宽公共服务渠道，为各经营户提供公共服务。

2. 申报标准

（1）示范带动性强。项目试点符合当地规划布局，农业生

产功能与休闲功能有机结合，农业功能充分拓展，农耕文明、田园风貌、民俗文化得到传承展示，生态环境得到保护。经营点功能特色明显，文化内涵丰富，品牌知名度高，具有很强的示范辐射和推广作用。

（2）经营管理规范。项目试点遵守国家法律法规，诚实守信，依法经营，社会形象良好。管理制度完善，岗位责任明确，接待服务规范。近 3 年内没有发生安全生产事故和食品质量安全事故，无拖欠职工工资和损害职工合法权益现象。

（3）服务功能完善。项目试点的休闲项目特色鲜明，布局合理，功能突出，知识性、趣味性、体验性强。客房、餐厅干净整洁，卫生设施达标。农耕文化展示和农业科技普及、教育等设施完善。游览、娱乐等设备完好，运行正常，无安全隐患。

（4）发展成长性好。项目试点在本地知名度较高，主导产业特色突出，近三年的总资产、销售收入和利税等主要经济指标稳定增长。2012 年营业收入达到 1 000万元以上，年接待游客 5 万人次以上，当地农村劳动力占职工总数的 50%以上。

3. 申请程序

试点项目以省（自治区、直辖市、计划单列市及新疆生产建设兵团）为单位选定产生，每单位只报送 1 个。请各单位按要求择优确定试点项目单位，并将审核后的申报材料寄送至农业部乡镇企业局休闲农业处。

农业部将组织有关专家对各地报送的材料进行评审，从中择优筛选支持。

4. 有关要求

（1）精心组织安排。各休闲农业行政主管部门要精心组织，按照标准从优推荐，确保候选项目特色明显，发展成长性好，具有典型的示范带动作用。

（2）加大扶持力度。各地要以实施项目为契机，争取扶持政策，加大扶持力度。对于地方有资金配套的试点项目将优先支持。

(3) 强化宣传推介。各地要结合工作实际，创新工作机制，加大宣传力度，有针对性地组织开展区域内休闲农业品牌培育活动。

三、新村建设项目

主要有住建部门的宜居新村项目、扶贫部门的造福工程项目(以下以福建省为例)。

1. 福建省造福工程集中安置示范小区申报

(1) 省级示范安置小区建设。全省每年建设100个省级示范安置小区。要求每个省级示范安置小区规划并安置100户以上，当年安置50户以上。逐级向县、市、省扶贫部门申报。

(2) 市级示范安置小区建设。每年规划建设一批市级示范安置小区。要求每个小区规划并安置50户以上。逐级向县、市扶贫部门申报。

(3) 建设一批县级、乡级示范安置点。扶持一批30户以上的示范安置点。

2. 福建省村镇住宅优秀小区申报及评选办法

(1) 评选条件。

①小区布局要求：小区选址安全，出入口位置恰当，道路构架清楚、分级明确简捷，能满足消防、救护、抗灾及管线敷设等要求。住宅的朝向、间距符合日照、通风和防灾的要求。技术经济指标合理，建筑密度在30%以上。实现人畜分离。

②住宅建筑要求：住宅功能齐全，空间尺度适宜，日照、采光、通风良好，厨房、餐厅、卫生间有直接采光。各类管线相对集中，隐蔽敷设。住宅的造型能较好反映村镇住宅的特点，色彩协调，造型美观大方，具有比较强的乡土气息和地方特色，提倡

采用坡屋面，鼓励选用村镇住宅通用图。低层住宅每户宅基地面积不超过 120m²，预设车库位置。

③建设成果要求：小区建设严格按照规划设计实施并基本建成，或建成户数达 20 户以上。基础设施建设比较完善，小区主要道路硬化，其他道路硬化率达到 70%以上，自来水到户，饮水安全。排水沟渠通畅有序，环卫设施到位，垃圾及时收集清运。小区绿化覆盖率达到 30%以上。住宅庭院设有封闭围墙。

（2）参评材料。参评材料包括如下内容。

①《福建省村镇住宅优秀小区申报表》：简称《申报表》一式 4 份，县（市、区）、设区（市）规划建设主管部门各留存一份，报省建设厅两份。

②规划设计成果：包括区位图、小区总平面图、住宅单体平、立、剖面图和效果图。规划设计成果可以拍摄成照片，归入图片资料集。

③图片资料集：包括规划设计成果一份。能充分反映小区设计、建设成果图片集一册。图片影集册规格为 24 厘米×29 厘米，内容包括小区全貌、建筑景观、道路交通、绿化建设、室内布置、公共设施等。若有建设前旧貌及反映建设过程中居民活动情景的照片（如讨论设计方案、拆迁搬家、乔迁喜庆等），也可汇集。

（3）申报和评选程序。

①村镇住宅小区所在地乡（镇）人民政府填写《申报表》，报送县（市、区）规划建设主管部门。

②县（市、区）规划建设主管部门对所参评的村镇住宅小区进行基本条件核查，符合条件的，在《申报表》中签注意见后，上报设区市规划建设主管部门。

③设区市规划建设主管部门对《申报表》进行审核后签注

意见，于当年8月30日前以正式文件附参评材料报省厅村镇建设处。

④根据各地申报，省里组织有关人员组成评审小组（行业管理人员、专家及专业技术人员等）对参评的村镇住宅小区进行评审，并派员实地核查，综合各方条件，评选出当年省级村镇住宅优秀小区。

（4）奖励办法。省里对当选的村镇住宅优秀小区给予一定的以奖代补资金补助，并授牌表彰，适当增加奖励资金额度。

四、项目组织实施

为实施各个项目建设工作，村里应成立美丽乡村建设理事会，由村干部、村民代表和退休公职人员组成。或设立项目建设部，具体负责群众工作、工程实施、技术保障等工作。项目实施主要事项如下。

1. 调查摸底

对全村各类情况进行分类调查、统计。

（1）对美丽乡村建设方案进行全方位宣传。

①对项目建设宗旨意义效果和建设目标支持奖励办法进行全方位宣传，做到家喻户晓。

②对项目建设的前期工作进行宣传发动。

③每户签订承诺书。

④对个别农户或农户个别问题重点做工作，帮助解决实际困难。

（2）建立档案。对村内的建筑和各类设施等基本情况以及农房情况详细调查摸底，并分户建立档案，留存乡村现状影像资料。

①收集整理原始资料：对建设地块、地貌及各种建筑物进行拍摄，留存相片影像资料。

②对目前使用的烤烟房、旱厕、猪牛栏和禽舍进行统计，并收集安置意向、办法。

③调查基础设施基本情况，对路、电、水等基础设施摸底。

④入户调查民居情况，建立分户档案资料。

⑤拍照各户房屋现状，并进行评估分类（A、B、C 三类）。

2. 制订实施方案

（1）拟订建设计划，明确牵头单位、项目负责人、工作班子、工作任务、建设目标要求和时限及工作措施，制定用地产业发展等具体支持和帮扶政策。

（2）制订项目实施方案，明确工作要点、建设内容、分期任务、时间节点和具体负责人。

3. 征地拆迁

（1）拆除示范点内无人居住的“空心房”、破旧危房，已停止使用的烤烟房、旱厕、猪牛栏、禽舍等。拆除前应明确四至界止，留有影像资料，逐户逐块登记造册。

（2）拆除规划要求拆除的各类建筑。

（3）调整用地。

4. 项目实施

（1）筹集资金。多渠道筹集建设资金，相关项目资金和自筹资金，设立专户。

（2）做好用地清理平整工作。

（3）签订有关协议及承诺书。

（4）基础设施、公益设施、公共场所建设，需招标的按要求提前做好工作。

（5）实施新村建设、民房整修、环境整治等。

（6）进行村庄优化美化和特色景观打造。

（7）谋划实施特色产业发展、现代农业建设项目。

第三节　公共设施与美丽乡村

村内道路、水利、绿化、照明等公共设施管理维护是一个重要事项，必须建立长效管理机制。

一、构建村镇社区卫生保洁机制

按照治理垃圾“村收集、乡运转、县处理”分级负责的工作体系和制度化保障措施，建立起农村垃圾治理的机制：

1. 保洁费用筹集制度

按照“财政补一点、乡村筹一点、农户出一点”的办法，多渠道筹集垃圾处理费。

2. 保洁员队伍和定责定薪制度

乡镇、村庄逐步配备卫生保洁员。由村两委和村民代表、村级理事会对保洁工作成效进行“一记、二查、三评、四考”。

3. 巡查督察制度

建立农村垃圾整治分级巡查督察制度，日常检查工作做到“村监督，镇自查，县月查”。

二、构建公共设施管护机制

创新农村水利、公路等公共设施的管护机制。重点推进小型农田水利设施产权制度改革，鼓励、支持农民创办以村级为主的水利协会，重点做好水利设施的管护，发挥群众作为管护主体的作用，加强以水利设施为重点的农田基建工程统一管护，建立管护长效机制。道路、绿化、照明公共设施采取自我管理、责任到人、民办公助、市场运作的机制，保障农村公共设施的正常运作、持久运行，为创建美丽乡村奠定良好的基础。

第四节　乡土人才及其培养

美丽乡村建设必须依靠一支具有较高素质的农村乡土人才队伍。必须建立完善乡土人才选拔、培训、管理机制。

一、什么是乡土人才

农村乡土人才是农村开发应用和推广普及先进科学技术、把科技成果转化为现实生产力的带头人，是引领农民开拓市场、创业致富的引路人，是活跃在农业和农村经济发展第一线的具有一定科学文化知识或一技之长，对推动农业和农村经济社会发展做出突出贡献的农村能人。

乡土人才主要包括：①农村土专家、田秀才、种植养殖加工能手；②农民专业技术协会中的骨干；③从事运输、营销、中介服务行业的农村经纪能人；④具有一技之长的能工巧匠；⑤农民企业家；⑥带领农民致富取得明显成绩的农村村、组干部；⑦回乡创业的大中专毕业生、知识分子、打工青年；⑧其他从事社会事业管理或社会服务的广义的农村乡土人才，还包括农村信息通讯员、民办老师、民间艺人、民间医师等。

二、乡土人才培养的经验

近年来，各地对乡土人才培养积累了丰富经验。主要有以下几点。

1. 网络化管理，使乡土人才生活有圈子，工作有激情

组织部门牵头，县农业部门通过调查摸底，建立乡土人才电子备选库，库内人员包括种养大户、经济能人、退伍军人、大中专毕业生、科技示范户等，并适时更新。在备选人才库中选择基础好并乐意为农民服务的人作为乡土人才进行培养，并将培育的

乡土人才特长、联系方式等基本情况在网上公布，以方便农民根据自己遇到的实际疑难问题选择技术“专家”，充分发挥乡土人才的作用。

2. 多途径培训，使乡土人才学习有动力，效果有保证

(1) 定期集中培训。将乡土人才培训纳入农村党员干部整体培训规划之中，以县、乡（镇）党校、县农广校、农村实用培训基地为主体，每年定期组织乡土人才集中培训，着力提高农村乡土人才的示范能力、创新能力、对科技成果的运用能力。

(2) 外派强化培训。与职院联手实施一村一名大学生计划；每年有目的、有计划、有针对性地组织乡土人才到发达地区学习农业生产先进技术和经验。

(3) 利用远程教育网络培训。充分发挥农村党员干部现代远程教育网络作用，开展以助推特色农业产业发展为核心的远程教育“三建三争”活动，组织乡土人才观看实用技术光碟、参加新技术现场培训会，让他们及时掌握农业新信息，了解农产品市场动态。

(4) 激发乡土人才自觉学习潜能。在所有村建立农家书屋，开通宽带网络，搭建起乡土人才自学平台，并引导他们主动学习，提升素质。营造全民创业的浓厚氛围、创业的实际需要，使乡土人才加强学习、千方百计学习、探究式学习。

3. 全方位服务，使乡土人才成长有贵人，干好有地位

(1) 引导乡土人才成立各种产业协会。县、乡指导乡土人才依托当地产业成立各种协会，乡土人才可以利用协会平台在服务地方经济中大显身手。

(2) 为乡土人才提供技术和资金扶持。财政每年拿出资金专门扶持乡土人才建生产示范基地，引进新品种、新技术等，其他的有关农业科技项目也要主动向乡土人才倾斜。

(3) 努力增强乡土人才在农村的影响力。乡土人才发展成

党员；优秀乡土人才直选进事业单位工作；民间艺术大师按月领取津贴；乡土人才当选为“两代表一委员”，乡土人才进入村子“两委”班子，使乡土人才影响力不断扩大，形成人人以成为乡土人才为荣的良好环境。

4. 深层次探索，使乡土人才管理有部门，考核有指标

（1）强化部门管理责任。建立组织部门宏观指导，用人单位自主管理，专业部门提供支持的乡土人才队伍管理模式，并把对乡土人才的管理和使用情况作为对乡、村及专业部门考核的重要依据之一。

（2）实行乡土人才绩效考核。对乡土人才实行一年一考核，两年一评选，不搞终身制。凡连续6年以上考核为最佳的乡土人才，各级应给予一定的物质奖励并派往发达地区参观学习，同时，在村干部选配、县乡人大代表推荐中享有优先权。

（3）开展乡土人才职称评聘。将乡土人才职称评聘纳入专业技术职称评聘工作之中，评聘为农民专业技术员。

5. 好典型引领，使乡土人才创造有品牌、社会有效益

让乡土人才努力创造出一批具有地方特色的名优产品，不断增强品牌意识，争创省、市著名商标。

三、乡土人才培养的措施

1. 建立乡土人才数据库

要在广泛开展调查摸底的基础上，建立市、县、乡、村四级农村人才队伍管理数据库。建立县、乡、村三级乡土人才数据库，按照乡土人才的专业特长，分类立档建库，及时调整充实有关信息，实行动态管理。

2. 制定乡土人才资源开发规划

制定切实可行的乡土人才资源开发中长期规划和年度计划，量化乡土人才队伍的规模、质量、培训、教育等指标。

3. 加强乡土人才培训

实行规范培训、定向培养，建设一支留得住、用得上的农村乡土人才队伍。充分利用现代远程教育基地、职业学校、农广校等资源，开展以实用技术为主的技术培训。充分发挥中高级农业专业技术人员的作用，组织专家学者深入农村，开展科技下乡活动，与乡土人才“结对子”，搞好传帮带。通过实施农业科技攻关、星火计划、科技扶贫、农业科技推广、农业科技培训等计划，充分依托高等院校、科研院所科技资源丰富、技术力量雄厚的优势，做到项目实施与人才培养的互促互动，达到实施一个项目，培养一批人才的目的。有条件的乡（镇）可以选送优秀乡土人才进入大、中专院校深造，也可以组织到经济发达地区考察学习。分层次、分类型、分阶段把骨干农民培训为技能人才、职业农民、创业农民。重点抓好农民科技示范推广人才、农产品营销人才、农民合作组织管理人才、农民专业大户、农村文化体育人才、农民法律服务人才、农村妇女家政管理服务人才、青年农民后备人才、村级干部后备人才等人才队伍建设。加快培养农村规划管理、卫生、环境保护、建筑人才。

4. 促进乡土人才的合理流动

建立农村人才专业协会，提供农村人才交流与合作的平台，促进农村人才素质的共同提高。充分发挥市场配置人才资源的基础性作用，建立县级乡土人才市场服务体系，为乡土人才的培训、交流搞好服务。充分利用农民赶集的机会，组织举办乡土人才科技大集，扩大乡土人才的影响。鼓励和支持乡土人才“走出去”增收创效。

5. 加大乡土人才工作的投入力度

逐步增加对乡土人才开发的投入，县、乡要从同级人才工作基金中列出专项资金，建立乡土人才专项基金，专门用于农民培训工作和优秀乡土人才津贴补助。对获得资格认证的乡土人才，

定期发给一定的图书、津贴等。

6. 充分发挥乡土人才的示范引导作用

充分发挥乡土人才懂技术、会管理、信息灵的优势，加快新品种、新技术的推广应用，鼓励和支持乡土人才创办科技示范基地、优良种苗繁育基地、高效精细农业示范园，引导农民依靠科技进步增收致富。采取项目推广和市场推动相结合的办法，积极帮助乡土人才建立各类新型的农村专业合作经济组织，引导农民进行规模化生产，增强农民的竞争意识、营销能力和组织联络能力，推动农产品有组织地进入市场，确保农民收入的稳步增长。支持乡土人才开办技术培训班、技术中介服务机构，面向农民普及推广科技知识，提高农民科技素质，为农民提供技术指导，帮助农民解决生产中的实际问题，提高农业生产效益。

7. 鼓励乡土人才带头创业

要支持乡土人才领办、创办以农产品加工业为主的各种类型的“公司+基地+农户”式的经济实体和私营企业。鼓励乡土人才以技术、资金入股等形式承包、租赁乡镇企业，积极发展劳动密集型产业和传统名优产品生产，推进农业产业化进程。

8. 开展乡土人才技术认证工作

凡是具有一定的知识或技能，有专业特长，在促进农村社会经济发展中做出积极贡献，为群众公认的乡土人才，经批准可由县级政府人事部门颁发《农村乡土人才证书》，把乡土人才技术职称评审工作纳入专业技术人员职称评审工作管理范围。建立乡土人才技能等级制度，乡土人才可申请参加技能鉴定，鉴定合格的由技能鉴定主管部门发给相应的技能等级证书。

9. 完善乡土人才表彰奖励和使用制度

每年评选一次优秀乡土人才，对做出突出贡献的乡土人才给予适当的奖励。对能力突出的乡土人才，各乡镇可将其选拔到村主要干部岗位，让其发挥更大作用。对做出重大贡献、符合专家选拔条件的乡土人才，推荐申报有突出贡献专家和中青年专家。

10. 精心培养后备农民

大力发展职业技术教育。每年选送一批有志在农村干事业的青年学生到农林大学、农校、卫校、财校、技能学院等院校进行深造，培植一支高素质的后备军，培育一批年轻的职业农民。

第八章　美丽乡村的文化建设

第一节　乡村文化

一、乡村文化的概念

乡村文化指的是农村一定区域内以农民为主体，体现农村精神信仰、交往方式等内容，具有独特个性的传统文化形态。其包含的风俗、礼仪、饮食、建筑、服饰等，构成了地方独具魅力的人文风景，是人们的乡土情感、亲和力和自豪感的凭借与纽带。

乡村文化是以农民为主体的价值观念体系，主要包括五大基本要素：一是作为文化参与者和承载者的农民群体，这部分人是传承与创新乡村文化的中坚力量；二是作为文化表现方式的乡村聚落内的文化设施、设备和场所；三是乡村社区与外界的物质和信息交换渠道；四是与乡村文化活动相配套的组织和制度；五是面向乡村的文化产品和服务。

我国乡村文化形态丰富多彩，有属于物质领域的饮食、服饰、建筑等；有属于制度领域的家庭婚姻、节日等；有属于宗教领域的崇拜、祭祀、祠堂等；有属于文学艺术的民间文学、歌舞、戏曲、美术、工艺等。乡村文化活动，是乡村文化的重要载体和生动体现，表现了我国乡村文化丰富的表现形态和旺盛的生命力。

乡村文化是形成乡村认同感和归属感的主要途径，是形成乡村吸引力、感召力、凝聚力和创造力的重要方法，是乡村形象、传统特色和经济活力直接或间接的展现。在美丽乡村的建设中，要珍惜历史文化，让承载记忆的文化传承下去。

二、乡村文化的内涵

乡村文化，从狭义的文化角度，是指在一定的村落共同体中形成的以农民为载体的文化。它是农民的文化水平、思想观念以及在漫长的农耕实践中形成并积淀下来的认知方式、思维方式、价值观念、情感状态、处世态度、生活理想、人生追求、社会动机等深层心理结构。它表达的是农民的心灵世界、人格特点及其文明开化程度。乡村文化具有传承性，它一旦形成，即通过社会化一代代传承下来，从而制约生活于其中的每一个人。乡村文化有事动态演进的，随着历史时代、社会实践的变化，乡村文化也会逐步发生变异。作为文化形态的一种，乡村实际上也是一个由各种有机要素构成的复合性整体，包括 4 个层面。

1. 社会制度层面

该层面主要体现在社会制度、社会关系、社会结构等方面，是乡村文化形成过程中起决定性作用的层面。有什么样的社会制度和社会结构，就会形成相应的社会关系，影响乡村文化的整体特点。

2. 价值观念层面

该层面主要体现在农民的思想观念、价值观念、伦理道德、信仰状态等方面，是乡村文化的核心层面。一个时期农民的群体的价值观念，是乡村文化最显著的特征；而个体价值观念经过积累，就会形成风俗习惯、社会心理等。

3. 科学水平层面

该层面主要表现为农业的科技水平和农民的知识水平，是乡村文化的关键层面。科学技术是第一生产力，科学技术是促进生产力变革乃至社会文化变革的根本动力。不同时期乡村文化之所

以呈现出不同特征，就是因为科学技术发生了重要变革，影响到了文化的发展。

4. 文化艺术层面

该层面主要体现为乡村的文化艺术形态和农民的文化艺术活动，是乡村文化的表现层面。乡村文化是一个复杂的综合体，最重要通过农民的活动来体现。在我国乡村中存在着丰富多彩的文化艺术活动，这些活动是乡村文化的重要载体和体现。

三、乡村文化的特征

任何时代、任何民族的文化都有其自身的特征。由于每个民族的历史不同，因而每个民族的文化也各有其特征。中国独特的乡村文化，是基于中国乡村经济、政治、社会和历史、地理等因素的特殊性，是具有不同于城市文化和其他文化的特殊性。

1. 乡村文化传承有序

中国是一个有着数千年历史的文明古国，中国传统文化主要是植根于中国长期稳定的乡村，体现中国传统乡村社会经济、政治关系的一种的思想文化。尤其是在农耕文明存续了几千年的我国乡村，文化的继承性表现得更为明显，至今在许多乡村地区仍然留存着很多古老的文化，在不少农民的思想观念和行为方式等方面也依然有着很多过去的印记。中国传统文化伴随着中国乡村农耕经济的发展而源远流长，使其具有极大的承受力、愈合力和凝聚力。建设美丽乡村，必须营造有利于乡村文化发展的土壤，让文脉不断延续、发展、壮大。要重文化、挖文化、兴文化，把文化融入规划建设中、融入产业培育中、融入公共服务中，以乡村文化的繁荣为美丽乡村注入厚重的历史元素。

当然，乡村文化的继承必须与创新相结合，现代乡村文化应该是对传统乡村文化有选择地继承与发展，并不是兼收并蓄，而是批判地继承。继承只是手段，目的是创新和发展，使之体现时代精神，适应今天的需要。随着全球化趋势越来越强，各个民族的各种文化总是在不断彼此交融、互相渗透，并在此过程中不断发展和变化着的。乡村文化吸收、借鉴了众多异质的精华，不断丰富着自己的内涵，并在此基础上不断创造和发展适合时代和自己的新的文化。

2. 乡村文化种类繁多

乡村文化是在乡村社会的发展过程中形成的，乡村社会的复杂性，使乡村文化在很多方面都体现出了多样性的特征，主要表现在以下几个方面。

第一，乡村文化服务对象的多样性。我国是一个有 56 个民族的多民族国家，不同民族在各自发展过程中，都创造了自己的文化。民族是人们在历史上形成的一个有共同语言、共同地域、共同经济生活以及表现于共同文化上的共同心理素质的稳定的共同体。任何民族都有其与其他民族相互区别的文化传统。不同民族有着不同文化传统、不同经济发展水平和不同文化素养的各种农民、这些农民有着不同的利益，不同的物质和精神需求，因而，具有不同的生产、生活方式和不同的价值意识。

第二，乡村文化内容的多样性。不同层次、不同群体的农民所需要的乡村文化内容是不同的。多种经济成分、多种消费层次、多种文化传统、多层次的知识结构及多样化的文化管理体制，同时，造就了农民多种审美情趣和多种文化需求。

第三，乡村文化组织方式的多样性。当今的乡村文化已经发展成包括文化知识传授、科技培训、时政宣传、法治道德教育、健身娱乐等在内的综合内容格局。各种自娱自乐的、自发的群众文艺活动，如雨后春笋般发展起来，庙会文化、节日文化、村落文化、集镇文化、乡村小区文化、农民家庭文化、乡镇企业文化、社火节庆文化等让人眼光缭乱，社会各界的、“三下乡”活动一浪高过一浪，社会文化社会办、群众文化群众办，国家、社

会、集体、个人一起办文化的多元文化格局已初步形成，在相当大程度上满足了广大农民对精神文化生活的需求。

3. 乡村文化各具特色

俗话说，一方水土养一方人。其实，一方水土也孕育一方文化。千差万别的自然条件，使得各地的乡村文化也是各具地域特色。“十里不同风，百里不同俗”，正是这种地域性特征的很好说明。由于各个乡村地区都处于自己特定的地理位置，所在的自然环境也是各不相同。人们为了生存，必须学会适应当地的环境，而在人们适应环境的同时，环境也必然会对人们的心理状态、思维方式、价值观念、生活方式等产生潜移默化的影响，并由此导致文化上的差异，形成鲜明的地域特色，如湖湘文化、齐鲁文化、中原文化等都特色鲜明。除了自然环境，各地的政治经济背景、民族特色、历史传统等都对乡村文化的地域性产生了深远的影响，加上不少乡村地区相对来说，地理位置偏远，交通、通信不够发达，受各地传统文化的影响较深，其中一些传统文化的封闭性又很强，因此，导致这些地区的乡村文化表现出更加明显的地域性特征。

4. 乡村文化扎根群众

乡村文化直接面向广大农民，具有很强的群众性特征，这种群众性主要体现如下方面。

第一，乡村文化的主体是农民。乡村文化的一切都充分体现了从群众中来，到群众中去的准则，从它的策划到组织，再到实施,，整个过程都是建立在农民自主参与的基础之上，新乡村文化作为社会主义新乡村建设的重要组成部分，显示了其广泛而深厚的群众性与大众性特色。

第二，乡村文化植根于农民群众之中。乡村文化的兴起、发展与繁荣，皆来自于农民群众，得益于农民的创造和发扬，缘于农民的追求和愿望。正是因为有着深厚的群众基础，乡村文化才得以生根和成长。同样，乡村文化的的创新与交流进步也必须依赖于广大的农民群众，建立在农民能认识和接受的基础之上。

第三，乡村文化以满足农民群众的需要为出发点和立足点，同时，这也是乡村文化建设和发展的归宿。农民群众不仅是乡村文化的参与者、创造者，更是乡村文化的享有者。乡村文化的发展要以农民群众的全面发展为核心，农民群众不仅有对乡村文化发展方式和内容的选择权、建议权。更有对其优劣程度的评判权，乡村文化发展的首要标准就是要满足群众要求、合乎群众利益。因此，群众性是中国乡村文化的重要特征。

四、乡村文化的载体

乡村文化载体是指以各种物化的和精神的形式承载、传播乡村文化的媒介体和传播工具。它承载着乡村文化，传递着乡村文化的内涵，是乡村文化的决定性因素。乡村文化载体是乡村文化得以形成与扩散的重要途径与手段。乡村文化必然寓于各种各样的载体之中，成为人们看得见、听得到、摸得着的文化现实。根据不同的标准，可以将乡村文化载体分为不同的类别。

1. 农民是最具有生命力的乡村文化载体

人既是文化的创造者、继承者，又是文化的消费者、受益者。在乡村文化载体建设中坚持以人为本，只有尊重农民的文化主体地位，发挥农民的文化首创精神，才能最大限度地满足农民日益增长的文化需要，做到乡村文化建设为了农民，乡村文化建设依靠农民，乡村文化建设的成果由农民共享。乡村文化的自觉传播，不仅是广大文化工作者的本职工作，也是全体国民推动文化发展的神圣职责。国民素质和形象是国家软实力的一个重要维度，我们必须有强烈的文化自觉意识、自强意识、自信意识和文化创新意识，这是我们走向真正意义上“文化中国”的重要基点。

2. 乡村是乡村文化发扬与传承的空间载体

乡村空间的概念有广义和狭义之分，狭义是指那些供乡村居民日常生活和社会生活公共使用的室外空间。它包括街道、广场、公园、体育场地等。广义是指空间不仅仅只是个地理的概念，更重要的是进入空间的人们以及展现在空间之上的广泛参与、交流与互动。这些活动大致包括公众自发的日常文化休闲活动，和自上而下的宏大政治集会。按照乡村空间的内部所承载的活动与体现的文化特征，将空间分作自然景观空间、休闲娱乐空间、纪念空间。

自然景观空间是指乡村地域范围内不同土地单元镶嵌而成的嵌块体，包括农田、果园及人工林地、农场、牧场、水域和村庄等生态系统，以农业特征为主，是人类在自然景观的基础上建立起来的自然生态结构与人为特征的综合体。从景观生态学的角度，乡村是一种人口相对聚居的、以耕种为主业的田园景观。在生态结构和特征方面，乡村以幅员广大的农田，呈斑块状的村庄，呈廊道状的河流、农渠和道路的功能为主。

休闲娱乐空间包括乡村活动广场、文化宫。图书馆等为村民日常生活提供支持的公共空间，是村民精神生活的重要场所。它为农民提供了一个公共的、有品位的、适合他们需要的交流场所，让农民有可以表达自己人生意义的学习与实践合适方式，让大众参与的各种文化活动进入农民生活。

纪念空间不仅是时代精神的缩影，更暗示着特定历史事件、历史活动、历史人物的某种精神。纪念空间中根据客体功能作用发挥的不同形式分类，分为纪念性建筑环境空间和非建筑环境纪念性空间。纪念性建筑环境空间其中按照纪念性建筑环境空间的功能可分为：纪念馆（纪念堂、博物馆、纪念塔、故居）、纪念碑（纪念石刻、亭、柱、雕塑、牌坊、表）、宫殿、寺庙（祠堂）等；非建筑环境纪念性空间，包括：纪念广场、纪念园

(墓园)、遗址公园等。

3. 乡村民俗活动是乡村传统文化的活动载体

民俗活动泛指与传统习俗、当地生活传统相关联的文化体验与物质消费，如中国传统节庆日的庆典活动，不同地区的风俗体验活动等。民俗活动载体通常“以文化活动、文化产品、文化服务和文化氛围为主要表象，以民族心理、道德伦理、精神气质、价值取向和审美情趣为深层底蕴，以特定时间、特定地域为时空布局，以特定主题为活动内容”。

民俗是依附人民的生活、习惯、情感与信仰而产生的文化，是人们在社会发展和日常生活中长期沿袭下来的礼节、风尚、习俗、节庆、传统等文化的总和。而民俗又和民间信仰糅合在一起，通常以特定的民间信仰为基底发展而来。按照我国历史上通行的民俗事象几大方面，乡村民俗可分为：巫术民俗，信仰民俗，服饰民俗、饮食民俗、居住民俗，建筑民俗，制度民俗，生产民俗，岁时节令民俗，人生仪礼民俗，文艺游艺民俗 11 个种类。

对于在一定范围内生活的农民来说，民间文化代表的文化传统糅合了人们关于社会、生活、历史的基本认识，同时，也是关于以村庄生活为轴心的小区记忆的重要部分；是维护乡村社会秩序的重要保证，也是个体人生意义、价值与伦理的重要源泉。在美丽乡村建设中，要深入挖掘农村历史民俗资源，增强美丽乡村建设的文化底蕴，实现传统与现代融合。

第二节　美丽乡村建设要有文化思维

美丽乡村建设是社会主义新农村建设新发展阶段，也是农村建设从过去以硬件建设为主向更加注重内涵建设的一次重大转变。美丽乡村之“美丽”，不仅要求自然生态环境的宜居优美，

还要求人文环境的优雅、人文素养的提高、乡风民俗的淳朴等。可以说，新时期的美丽乡村建设，文化建设是核心。在推动美丽乡村建设工作中就需要有文化思维。具体来说，应该着重在以下4个方面着手。

一、选择试点要有文化标准

一些地方在选择美丽乡村建设试点时，采取竞选立项的办法来确定试点村落，这种选择办法貌似公平，实则有利于一些特色文化村镇胜出，因为，这些村镇本身就具备历史文化方面的优势，成为美丽乡村建设试点只是一种锦上添花的事情，而对于一般村落而言则有失公平，即使成为试点，也往往倾向于在硬件设施建设上做文章，例如，道路硬化、村庄绿化、排污管网化等，忽视文化方面的标准和要求。虽然我国仍处于社会主义初级阶段，但包括广大农村地区在内，人们精神文化生活的需求日益提高已经是一个不争的事实。另外，农村文化建设滞后，精神生活匮乏，不良社会风气抬头，现实社会遭遇到的困境也要求在选择美丽乡村试点时一定要有文化标准。这就要求对美丽乡村建设可以分批、分类进行，根据各个村庄的特点制定不同的措施，但必须要确定一些带有共通性的标准，例如，文化标准。对于文化积淀深厚的村镇，要提高在美丽乡村建设中的文化标准，在原有历史文化优势的基础上提出更高的要求，使其成为当地文化风尚的引领者和示范者；而对于文化基础条件较差的村镇，则可以把其视为美丽乡村建设中需要补齐的短板，在加强基础设施的同时，努力增加文化建设的投入，提高当地的整体文化水平。

二、规划设计要留足文化空间

《美丽乡村建设指南》（下简称《指南》）中明确要求：未来的美丽乡村不仅要建设具有娱乐、广播、阅读、科普等功能的文化活动场所，还要定期组织开展民俗文化活动、文艺演出、讲座展览、电影放映、体育比赛等群众性文体活动。因此，美丽乡村的规划设计中要充分考虑到人民群众公共文化生活的需求，留足文化空间。“文化空间”是一个随着非物质文化遗产进来的学术新名词，实际上中国传统社会里并不缺乏这样的理念和实践，不少地方遗存的古戏台、祠堂、庙宇，甚至包括村落内约定俗成的公共场所，本质上都是农耕社会里特定区域内的文化空间，它们在传统社会里承担了为民众提供公共文化展示平台的功能。今天的美丽乡村建设，不仅要提供民众精神享受的文化正餐，而且还要提供享受这些正餐的文化空间。之所以强调对文化空间的预留，是因为要借鉴和吸取城镇化过程中的教训，例如，一些城中村改造项目，片面追求住宅小区的容纳人数，而无视居民精神文化生活所必需的公共空间，导致很多新建社区成为人和车的集散地。未来的美丽乡村建设不仅要留足享受文化的公共空间，而且还要留有承载文化的空间。要尊重乡土社会敦亲睦邻的文化传统，尤其应该注意借鉴和吸收古代村落和房屋设计上蕴含的传统哲学思想和生态文明理念，在充分合理利用物理空间的同时，建设符合现代乡村社会实际的人文空间。

三、建设实践中要有文化情怀

美丽乡村建设是针对乡村社会的国家农村建设方略，在建设实践中可能同样会遭遇中国城镇化过程中的一个老问题，即拆和建的问题，“拆”的原因无非有 2 个：一是为建设新的提供空间；二是旧的不符合时代审美要求。无论是哪一个原因，都需要面对“旧”的去留问题。在这一方面，中国已经有太多因野蛮拆迁而造成文化遗产遭到破坏的教训，因此，美丽乡村建设中，无论是政策制定者，还是建设实践者，都应当怀有一种浓浓的文化情怀，只有持有这样情怀的决策者、执行者，才可能对文化有爱惜

之意、敬畏之心，在观念上才可能视那些散落在乡村社会里的非物质文化遗产、文物古迹为宝贵的财富并对其进行合理保护，《指南》对此也要求“搜集民族民间表演艺术、传统戏剧和曲艺、传统手工技艺、传统医药、民族服饰、民俗活动、农业文化、口头语言等乡村非物质文化，进行传承和保护”。尤其是大量的非物质文化遗产是农耕文明的产物，与村落的生产生活息息相关，村落是孕育这些非遗的母体，也是它们得以传承、发展的空间和载体。我们一直强调要活态传承文化遗产，究竟如何活态传承，正如有学者指出的“活鱼须在水中看”一样的道理，恐怕保护其原生的环境是重要的措施之一。唯有在这样的文化情怀下，决策者、推动者、实践者等诸多参与美丽乡村建设的力量才能把文化的传承与发展视为美丽乡村的重要使命，如此理念主导下建设成的美丽乡村，才可能不仅美丽宜居，而且适宜文化传承。

四、贯穿始终要有文化责任

每一代人都有自己的责任，我们这一代人在努力实现全面小康社会的同时，还必须承担起一个重大的文化责任那就是守护民族文化的根脉，确保其能够延续下去，并焕发出新的生命力。恰逢社会急剧转型的时代，以工业文明为主导的社会飞速发展，并裹挟着各种外部力量，给悠久的农耕文化带来冲击。而一个伟大民族不仅要有强大的经济实力，还必须在文化上处于领先地位，具有引领作用，灿烂辉煌的农耕文化正是中华民族的优势所在。要在今天确保我们这种文化优势能够在全球化的语境下继续为世界作出贡献，作为华夏文化之根源的农耕文化显得尤为重要。未来的美丽乡村建设需要有一种文化思维来主导和推动，用意也在于此。从这个角度看，美丽乡村建设中必须有一种贯穿始终的高度的文化责任在其中，表面上看，它关乎广大农民的精神文化生活质量，深层次上说，乡村社会是农耕文化的孕育土壤和发展源头，要得中华民族文化之“渠水清如许”“源头活水”之重要性不言而喻。

第三节　美丽乡村建设中的文化建设

一、培育乡风文明

1. 新形势下必须加强乡风文明建设

乡风是由一个地方人们的生活习惯、心理特征和文化习性长期积淀而形成的。乡风文明本质上是农村精神文明层面的要求，包括思想、道德、文化、科技、风俗、法制、社会治安等诸多方面，集中反映了农村人与人之间的关系。透过乡风，人们往往可以感知当地百姓的思想修养，道德素质和文化品位。乡风文明是美丽乡村建设的灵魂，也是发展现代农业的思想基础和平台，具有举足轻重的作用。

(1) 加强乡风文明建设是美丽乡村建设的必然要求。乡风文明是指农民的思想状况、精神风貌、文化素养、道德水准不断提高，崇尚文明、崇尚科学，社会风尚健康向上；教育、文化、卫生、体育事业和谐协调发展。当前我国农村的快速发展，改变了“日出而作、日落而息”的传统生活方式，农民要求衣食住行等物质生活条件进一步改善，更要求精神文化生活有一个大的提高，要求加强乡风文明建设。

(2) 加强乡风文明建设是社会主义市场经济的客观需要。在社会主义市场经济的新形势下加强乡风文明建设显得尤为迫切，由于长期受到小农经济意识的影响，一些农民还存在着封建落后意识，一定程度上制约了农村经济的发展。加强以思想道德建设和教育科学文化建设为主要内容的乡风文明建设，开展社会主义

市场经济和现代科学技术知识的普及教育，使农民掌握市场经济的基本知识，提高科技文化素质，才能更好地适应社会主义市场经济发展的需要。

(3) 加强乡风文明建设是农村社会稳定的重要保证。农村稳定事关国家长治久安。农村不稳定，整个政治局势就不稳定。坚定不移地以乡风文明建设为抓手，大力加强农村基层组织建设和干部队伍建设，解决好农民反映强烈的突出问题，切实把农民的冷暖安危放在心上，维护农民的合法权益，保证农村社会的安定稳定。

(4) 加强乡风文明建设是社会主义精神文明建设的重要部分。我国是个农业大国，农村人口就占绝大多数。乡风文明是社会主义精神文明在农村的具体体现，是建设社会主义新农村的灵魂。抓好乡风文明，培养有道德、有文化、懂技术、会经营的新型农民，不断提高农民群众的思想道德素质和科学文化水平，引导农民养成科学文明的生活方式，倡导积极健康的社会风尚，营造和谐融洽的社会氛围，促使农民由传统生活方式向现代文明生活方式转变，具有重大意义。可以说，没有农村的乡风文明，就不可能有全社会的精神文明。

2. 推进乡风文明建设的对策

(1) 加速发展农村经济，不断增加投入。推进乡风文明建设，从根本上说必须加快农村经济发展步伐。各级财政要加大对农村公共事业建设投入扶持力度，解决农村行路难、饮水难、上学难、通信难等问题，为农业发展、农民增收提供条件。要不断加大农村文化设施建设投入力度，保障乡风文明建设经费，大力加强农村宣传阵地建设，积极发展有线广播、电视村村通工程，支持乡镇建好文化站，支持村庄建好村民学校、图书室、阅报亭、宣传栏等。同时，各乡（镇）、村要筹措资金兴办文化实体、组织开展文化活动。

(2) 积极发展农村群众文化，丰富农民精神文化生活。继续开展“三下乡”活动，以满足广大农民群众的精神文化生活。强化农村文化活动室、图书阅览室、党员之家等文化阵地功能，发挥思想教育、科学普及、信息传播、文化娱乐等作用，使健康文化融入农村千家万户，让农民真正受到文化熏陶。在发展文体队伍方面，组织市、县（市、区）业务人员到乡村辅导农民文艺骨干，为农村文化建设“造血”，建设一支不走的基层文化工作队伍。积极扶植民间文艺剧团，培育地方特色文化精品，整合民间艺术资源，开展健康向上的文体活动，丰富农村文化生活，最大限度满足农民的文化需求，不断增强基层文化的活力。

(3) 广泛开展农村精神文明创建活动，提升农村社会文明程度。在美丽乡村建设中，紧紧围绕提高群众文明素质和乡村文明程度这个主题，扎实开展各种文明创建活动。以培育新型农民为重点，组织开展各种学习活动，利用村民学校、墙报、宣传栏等形式，组织农民群众学文化、学科技、学法律，引导农民崇尚科学，抵制迷信，破除陋习，移风易俗，养成文明、科学、健康的生活方式，自觉遵守“爱国守法、明礼诚信、团结友善、勤俭自强、敬业奉献”20字公民基本道德规范。大力弘扬正气，抵制歪风，建立起公德薄、光荣榜、评议栏，使好风气、好习惯、好人好事情得到表彰奖励，对农村打牌赌博、大操大办、封建迷信等现象进行批评，使村民在潜移默化中养成文明习惯。进一步深入开展文明村镇、文明户、五好家庭户、科技示范户、婚育新风进万家等丰富多彩的精神文明创建活动，将农村经济发展、基层组织建设、社会治安综合治理、计划生育落实、文化教育进步、乡风文明、村容村貌改变等作为创建内容。发动群众义务投工，有效整治农村长期以来脏乱差问题，搞好污水、垃圾治理，改善卫生条件，走生产发展、生活富裕、生态良好的文明发展之路。制定和完善农村的村规民约，使村民有章可循、照章办事，

逐步实现乡风文明建设的科学化、制度化、规范化。

(4) 加强农村社会稳定工作，以稳定促进乡风文明建设。稳定是发展的前提，也是发展现代农业，建设新农村的环境基础。没有安全的社会环境，那就什么事情也干不成。加强农村治安综合治理，在农村开展以社会政治安定、社会治安稳定、社会环境和谐、防控体系严密、基层管理规范、队伍建设加强等方面内容的创建和谐平安乡镇（街道)、和谐平安村庄、和谐平安家庭等活动，促使刑事案件、治安案件、矛盾纠纷不断下降，出现社会稳定，人民安居乐业，经济繁荣发展的新局面。要抓好社会治安综合治理工作，建立和健全维护社会稳定的预警机制，处理突发事件的应急机制，社会治安的防控机制，打击邪教组织和非法活动，打击农村黑恶势力，维护农村的稳定。要狠抓农村救助保障体系建设，完善农村特困户生活救助、残疾人救助、灾民补助、五保供养、养老保险等社会救助体系。建立健全安全生产责任制，排除安全隐患，打击私炮生产、非法采石和农用车非法载客等，努力营造稳定的社会政治环境，安定团结的社会治安环境和安全的生产生活环境，确保人民群众的生产和财产安全，促进经济社会发展。

(5) 进一步加强领导，建立和完善乡风文明建设工作机制。加强乡风文明建设，关键在领导、重点在基层。农村基层党委要把乡风文明建设提到更加突出的位置，始终坚持两手抓、两手都要硬，真正落实两个文明建设同部署、同落实、同检查的工作机制，落实“一把手抓两手”的领导机制。进一步加强基层组织建设，搞好村级组织建设，特别是村党支部，村委会的建设，使之成为能够带领农民共同致富，进行两个文明建设的坚强领导核心。党员干部是发展现代农业，建设新农村的组织者、实践者和推动者，党员干部要带头倡导和树立文明新风，强化宗旨意识、责任意识和文明意识、奉献意识，做好农民群众思想政治工作，促进乡风文明的建设。

【典型案例】花溪区开展生态文明村寨、和谐村寨创建活动

近年来，花溪区以移风易俗作为农村精神文明建设的切入点，以“培育和践行社会主义核心价值观”为核心，扎实开展农村移风易俗、文明乡风建设，打造了包括龙井村在内的一批“田园美、村庄美、生活美”的宜居村寨（图8-1）。

图8-1 风景秀美的龙井村

1. 环境变美了，乡风也跟着美

距青岩古镇1km的龙井村，是个有悠久历史的布依村，自然风光优美，森林覆盖率达65%以上，是花溪区布依族聚居较多的少数民族村寨，布依族人口占总人口的98%。

一进村子，阵阵的油菜花香扑鼻而来，一栋栋古朴典雅，极具布依族风情的白墙灰瓦民居映入眼帘，整个村庄干净明亮……“要说这些年村里发生的变化，那就得用‘翻天覆地’来形容喽！呵呵，好多外出打工回来的村民都认不倒回家的路喽。”原村主任龙发利说，以前的村子卫生和设施都很差，牛粪、垃圾随处可见，村民出行走的是“晴天一脸灰，雨天一脚泥”的泥巴

路，“那时候外环境不好，村民的业余生活也很乏味，大伙打发时间的方式除了喝酒，就是麻将，为点鸡毛蒜皮的小事，邻里间吵个架也时有发生……”

2009 年年底，花溪区开展了生态文明村寨、和谐村寨的创建活动，“青岩菊书书院”的一群老年志愿者来到了龙井村，“那时候，我们用照相机、摄像机先把村子脏乱差的地方以及每家每户老旧的房屋现状拍下来，做成名为‘记下今天，找出差距，展望明天’的光碟和幻灯片，用放露天电影的方式，让村民自己看。”当年带队的饶昌东回忆说，当村民们头一次在大银幕上看清了自家生活环境的不足，心里面确实受到了很大的触动。随后，大伙纷纷开始为改变村寨面貌行动起来……

2011 年 4 月，根据花溪区总体规划发展定位，龙井村被确定为民俗村落体验区。整村推进试点工作正式启动后，花溪区投入资金对村寨主干道、排污沟、人饮管网、公共照明等基础设施进行彻底改造，龙井村支两委以“提高村民生活水平和文明素养”为主题，开展了生态文明村寨、和谐村寨的创建活动，建立健全了相关管理制度和村规民约，设立了治安巡逻岗、收集布依文化传承岗、卫生监督岗等，让每一位党员干部和村民都参与其中。

“环境变美了，乡风也得跟着美！”这是环境改变后村民的共同心愿。于是，花溪区将“道德讲堂”搬进了村寨和社区，围绕邻里团结、尊老爱幼、爱护环境、勤俭节约、婚事新办、丧事简办等新习俗、新风尚内容，举办吟诗会、讲座及宣传笔会，并以布依文化协会为载体，成立了布依山歌队、舞龙队、腰鼓队等多个民族文化表演队伍，通过举办“布依歌会”“三月三”“四月八”“六月六”“吃新节”等活动，充分展示、传承布依族蜡染、刺绣、古歌等文化艺术，培养了一批热爱布依民间文化的布依文化传承人。

2. 搭建新平台，树立文明乡风

“生活环境变美了，我们的精神生活也得提高，为此，我还试着写了好几首布依山歌嘞!”在龙井村生活了20多年的阿西说，现在他身边不少朋友都喜欢上了诗歌和音乐。近年来，物质条件和精神生活都在发生着改变的，远不止龙井村，生活在花溪区其他乡（镇）的村民，对各自身边发生的变化也都“看在眼里，乐在心里。”

为进一步加强农村移风易俗、文明乡风建设，把更多的精神食粮送进更多的村寨，将健康文明的社会风尚“种”进村民心里，花溪区结合“农民文化家园”、“美丽乡村·四在农家”项目，整合宣传、文化、体育、科技和“一事一议”奖补等农村项目资源，建设了集宣传教育、文体活动、休闲娱乐、群众集会为一体的农民文化活动综合场所，搭建了农村群众文化活动平台，截至目前，通过全区207个道德讲堂和148个远程教育站点，共举办各类主题讲座1 200余场，参与人数达50 000余人次。

同时，全区许多乡镇还成立了“移风易俗”志愿服务队，深入到村寨每家每户进行宣传，并利用一些传统节日所蕴含的教育资源，引导传承弘扬中华传统美德。仅春节期间，就在各乡(镇)、社区分别开展了“明礼知耻·崇德向善”主题活动、“三下乡、四进社区”文艺活动以及高坡乡杉坪村“跳洞”、甲定村龙打岩飞歌、久安乡和黔陶乡半坡村迎春联欢会等活动，让群众明白移风易俗是在尊重、传承传统风俗习俗基层上，移的是“歪风”和“低俗”。

2017年，结合“四在农家·美丽乡村”基础设施建设和大数据、大扶贫战略，花溪区还将深入开展食之放心、住之安心、行之顺心、游之舒心、购之称心、娱之开心“六心”行动，围绕讲文明、有道德、守秩序、树新风，在辖区开展孝敬教育、勤

劳节俭教育和弘扬“好家风、好家训”等活动，全面提升农村社会文明程度，实现全区10%的村达到县级以上文明村镇标准的目标。

二、保护历史文化村镇

1. 历史文化村镇的概念

历史文化村镇是指一些古迹比较集中或能较为完整体现出某一历史时期的传统风貌和民族地方特色的街区、建筑群、小镇、村寨等。

【典型案例】锡林郭勒盟第一个自治区级历史文化名镇—正蓝旗上都镇

内蒙古自治区政府公布第一批自治区级历史文化名镇名村名单（内政字〔2017〕17号），批准自治区住建厅和文物局确定的锡林郭勒盟正蓝旗上都镇等6个镇和敖汉旗下洼镇河西村等2个村为第一批自治区级历史文化名镇名村。

上都镇因元上都而得名，是正蓝旗政府所在地，有着悠久的历史和灿烂的文化，这里曾是大元王朝的龙兴之地，元世祖忽必烈在这里建立了第一座草原都城——元上都。这里是蒙元文化的发祥地，是察哈尔民俗文化的典型代表，是中国蒙古语音标准基地和皇家奶食的供应地，也是蒙古现代文学奠基人纳·赛音朝克图的家乡（图8-2、图8-3）。

上都镇历史文化积淀丰厚，境内有四郎城古城（金桓州城）、噶丹丰吉灵庙（前身之一为“玛拉日图庙”）等历史遗迹，元上都遗址位于上都镇东20km处的金莲川草原上，由遗存占地2 287 hm^2 的城市遗址遗迹和墓葬群组成，是中国元代都城系列中创建最早、历史最久、格局独特、保存最完整的遗址，1988年被公布为国家重点文物保护单位，2012年成功列入《世界遗产名录》，实现了内蒙古世界遗产“零”的突破。

图 8-2　元上都遗址

图 8-3　皇家奶食

为更好地保护、挖掘和传承优秀文化遗产，弘扬民族传统和地方特色，正蓝旗将认真编制和完善保护规划，制定严格的保护

措施，及时协调解决工作中的困难和问题，切实做好自治区历史文化名镇的保护和管理工作。

2. 历史文化村镇的类型

（1）完整古镇型。这类古镇保存十分完好。它们所处的山水环境，以及古镇格局，乃至街巷和院落都是历史上留存下来的。这类古镇现存不多，因此，十分珍稀，具有很高的保护价值。对于这类现状完整的古镇，保护方式应该另辟新区，最大限度地减少新的建设给古镇带来的影响和破坏。

（2）历史街区型。大部分历史文化名镇属于这种类型，这里旧区保存相对完整，有成片的还保存着传统风貌的历史街区，也有不少虽够不上文物保护单位却仍需保护的历史建筑。但是，外围许多地区及全镇已改建，已不再有保护的价值。这与其他小城市的历史街区是相似的，它们比较适合于历史文化街区的保护方法。

（3）传统古村型。这是大部分历史文化名村的类型，村子不大，但要保护的内容十分丰富。这里旧区保存相对完整，有传统的历史风貌，有整体的规划格局，整个村子可能是有意识按某种理念的规划布局，也有的是顺应自然而自发形成的，但都能反映一种规划理念这里的无形文化遗产的保存状况一般比较好，可能是由于相对封闭，或者是家族聚居、或者是经济落后尚未受到现代化的渗透，所以还存有传统工艺、民俗等小范围特有的无形文化遗产它们是急需全面保护抢救的。

（4）民族村落型。在少数民族地区，村落布局及建筑形式都极具特色但这类地区经济相对落后，生活环境较差目前改造更新的压力可能还不大，这就要特别注意积极改善生活条件，建设环境卫生设施的同时保护民族地方特色及传统文化。

（5）家族聚落型。有一种村落实际是一个家族或同姓、同族人聚居，由一个先祖建起主要建筑院落，然后逐渐外延，也有的是一次建成这种村落规划格局十分完整，建筑密集，质量也较好，其中，价值较高者已定为又物保护单位在经济发达的地区，有的整个村落无人居住，全迁至新区，它们更适合于文物保护单位的保护方法。

3. 历史文化村镇的保护策略

(1) 要明确依法保护理念。要严格遵守国务院颁布的《历史文化名城名镇名村保护条例》等法律法规，按照抢救第一、保护优先、统筹规划、加强管理的指导方针，进行"活态"保护。相对于博物馆式的文物静态保护而言，在正常使用的动态环境中对文化遗产进行原真性保护，就是活态保护。为此，要遵循以下原则：不过度增加新的使用功能，并合理"减负"；保持外部环境空间风貌不变，内部空间适度改造；合理增加基础设施以适应现代生活，不破坏实体与景观；改善人居环境；控制添加过多的现代元素及商业化。

(2) 要明确保护原则。在名镇名村的保护工作中，要注意保持古镇村落的原真性；在格局、风貌、尺度、景观等方面保持环境的整体性；保持连续性，让各个时代的历史文化遗迹得以留存；保持文化性，发掘当地的文化内涵，突出文化品位；合理利用，保持可持续发展的永续性。

(3) 要明确保护特色价值。主要明确四大特色，即地域特色、民族特色、历史特色和人文特色。对于特色要具体化，对特色表现及对象要逐条列出，有针对性地提出保护措施。同时，注意保护对象的六大价值，即科学价值、历史价值、文化价值、艺术价值、社会价值和经济价值。

(4) 要明确保护规划及分区要求。保护历史文化名镇名村，关键是要制定并落实一个切实可行、高水平的保护规划。规划要明确保护的对象、范围、措施、标准等，并进行保护分区，可以将区域分为核心保护区、建设控制区、风貌协调区。

（5）要明确新老关系的处理与保护的4个层次。第一，优先采用新老分开原则，完整保护老村，另行建设新区。第二，新村建设要协调风貌。第三，要保持整体和谐。在老村内的新建筑要甘当配角，不抢风头，不损害整体风貌。此外，要注意保护工作的4个层次：即村周围生态环境，如山水风光等；村边邻近田园环境，如田、林、路、桥、亭等；街巷格局节点空间，如村口、街巷、广场、井台、集市等；建筑风貌院落空间，如建筑外部空间、院落、天井、邻里空间等。

（6）要明确历史建筑分类改造方式。首先要摸清家底，对所有房屋设施普查分类建档，对重要历史建筑、文物古木等应挂牌保护。对需要改造维修的，应循序渐进地进行改造维修。尽量少拆房，防止对普通民居及设施乱拆迁。对不同类型的建筑要进行分类改造，采用不同方式进行内部的合理改造。

建议对建筑进行分期分类改造：对文保建筑和世界遗产，要按相关法规和最小干预的原则，采取“修旧如旧”的修复方式；对历史建筑，要在外观保持原风貌的基础上进行内部的合理修缮，改造为传统风格的实用空间；对于普通老建筑，外观应尽量保持原风貌，内部可改造为现代风格的实用空间。对于近期建筑，则采用“新而中”手法，与老建筑协调布局。在保护区内，有的建筑若对整体风貌影响不大，可维持原貌；若太不协调，则应予以拆除。

（7）要明确合理的保护与开发模式。保护是政府的责任，政府应加大保护力度和资金投入。此外，也需要依靠市场机制运作，关键是要在政府主导和监督下，由政府下属或社会企事业单位实施保护方案计划。要处理好保护与“三生”的关系，即保护与生活的关系：文化遗产保护是一种生活方式，是一种社会责任；保护与生产的关系：保护是一种产业结构调整，是一种市场经济；保护与生态的关系：保护是一项生态建设内容，是“美丽

乡村”建设的基本要素。

(8) 要明确保护与产业发展关系。可以适当地发展旅游业，以保护带旅游，以旅游促保护；可以开发旅游文化产品，进行民俗节庆、乡土风情、民族特色工艺等的全面展示；可以开展旅游服务业，如农家乐、餐饮、住宿等。此外，还可以开展农林牧副渔业观光项目，如瓜果花卉种植、农产品加工等。

(9) 要明确村落保护与非物质文化遗产保护的结合。要规划设计民俗活动的展示空间，如民俗节庆活动演出场所等；要保留非遗传承人的生活空间；要有专门的宣传教育培训空间，如在学校、家庭或公共设施内宣传保护工作；要进行人才培训与管理，提高公众素质，提高保护经费的管理能力等。

三、发展乡村文化产业

1. 乡村文化产业概念

文化产业是向消费者提供精神产品或服务的行业。一种文化活动只要有艺术魅力，对观众、听众有吸引力，就可以产生一种社会影响力。在市场经济条件下，这种社会影响力就可以转化为一种无形资本，这种无形资本同有形资本相结合，就可以产生经济效益。文化产业是社会生产力发展的必然要求，是随着社会主义市场经济体制的逐步完善和现代生产方式的不断进步，而发展起来的新兴产业。文化产业是当今全球发展最快的产业之一，被称为“无烟产业”和“朝阳产业”，甚至在一些国家成为支柱产业。

由于我国历史长期发展过程中多种因素形成的城乡二元经济结构，使得文化产业相应的可分为乡村文化产业和城市文化产业。乡村文化产业是相对城市文化产业而言的，是指在乡村发展文化产业，它包括媒体信息业、表演艺术业、娱乐健身业、工艺美术业、文化旅游业、群众文化业等。从市场经济的角度解释

乡村文化产业的出现，人们普遍认为，在市场经济条件下，许多产品需要通过市场交换才能进入消费领域，也就是要使乡村文化产业化，乡村文化产品商品化。因此，从事文化产品生产和经营的行业乡村文化产业应运而生。所以，可以这样认为，乡村文化产业是以市场为导向，以提高经济效益为中心，以农民为创作和生产主体，采用多种生产模式，将地域性的传统历史文化资源转换成为文化商品和文化服务的现代生产。

当然，乡村文化产业这一新概念还没有得到人们完全的共识，对这一概念的认识基本上是从产业、市场等角度出发，在一般文化产业概念的基础上稍加演变而进行的阐释。目前普遍认为，乡村文化产业与城市文化产业是相对的，主要是指在乡村发展文化产业。

综上所述，乡村文化产业是指县、乡（镇)、村行政区域内的文化产业。它既具有大文化产业所具有的普遍属性，又具有其独特性。第一，乡村文化产业具有市场化的特点。乡村文化产业必须遵循市场经济规律，要依法经营、自我积累、自我发展；第二，文化产品资源要重点体现乡土特质和区域特色；第三，乡村文化产业的主体是农民，阵地在乡村；第四，乡村文化产业创造的文化生产力来自乡村，又有利于进一步发展乡村；第五，乡村文化产业经营的产品以具有地方历史传承特色的文艺演出、民间工艺、农业生态、自然生态旅游、生活体验等为主要内容。

2. 乡村文化产业具有显著性

以乡村特色文化资源为基础提供具有乡土气息的文化产品与服务。

(1) 乡村文化产业发展的根基是乡村民间文化资源。任何产业的发展都有一个切入点的问题，发展乡村文化产业应该也必须以开发和利用乡村特色文化资源为突破口，与其他文化产业相比，乡村文化产业具有更强的资源依赖性，这是由乡村经济社会发展的实际决定的。第一，广大乡村地区文化积淀深厚，具有发展文化产业的资源基础。“文化要素禀赋直接制约着一个地区文化产业布局和规划过程中的文化产业发展领域的选择。不能离开一个地区现有文化要素禀赋的现实条件去选择和规划文化产业布局的选择对象。”第二，乡村文化资源具有巨大的市场潜力。文化积淀是一个区域长期传承下来的，为当地广大农民喜闻乐见，有广阔的市场空间，比如，地方戏曲、民间传统表演等深受农民欢迎。乡村文化产业的市场既面向乡村，也面向城市，并且在现阶段主要是面向城市，城市人具有较高的消费能力，再加上他们对乡村文化的新奇以及返璞归真的文化心态将带来可观的文化现实需求。因此，乡村文化资源优势转化为文化经济优势的市场潜力巨大，产业化前途广阔。第三，现阶段，大多乡村地区不具备发展与城市相竞争的相关文化产业的经济社会条件。从产业发展规律来看，产业集中是非常重要的投资环境，以高科技、高水平人才为支撑的文化产业，倾向于在经济社会发展程度较高的城市扎堆发展，他们宁肯在资本、土地价格都很高的大城市投资，也不愿到不少条件都很优惠的落后乡村投资发展，因为，在大城市能够获得由产业集群所带来的在乡村不能得到的诸多利益，因此，乡村发展文化产业要以乡村现有文化资源为出发点。

（2）特色源自于文化资源的区域差异。中华文化是在中华五千年的历史长河中积淀和传承下来的优秀文化，有着深厚的文化底蕴和文化内涵，至今都渗透于人们生产生活的各个方面；而我国地域广阔，地域的差别导致文化也有着鲜明的民族和地域差别。在乡村也是如此，各个地区都有自己特有的文化，它是属于当地农民特有的文化，是与城市文化相比具有鲜明特色的文化，是有自己属性的文化。科学地挖掘、引导、利用、保护地区文化，能够带动乡村文化建设的发展。在文化资源整合的过程中，要运用科学的方法，剔除乡村文化中存在的糟粕，取其精华，以

去粗取精、去伪存真的方式来净化乡村文化这一片净土。

这些存在于民间多年的文化之所以能流传至今，最大的原因是它们适合的是农民的口味，符合的是当地的审美情趣，具有符合当地的文化认知，所以在农民中有着天然的亲切感，最能激发农民的活力。这些原汁原味的乡土文化，在文化市场中更具有市场竞争力。

区域文化竞争首先是文化产业竞争，发展文化产业意味着文化的生产、交换、消费进入市场体系，形成了文化传承的载体和支撑，把文化的区域个性通过文化产业进一步彰显出来。因此，发展文化产业体现了区域文化特色、强化了区域文化特色，增强了区域竞争力。但是，我们也应当认识到：虽然乡村文化产业特色主要源自于文化资源的区域差异，但并不是所有乡村特色文化产业都是因传统文化资源而成，没有传统文化资源同样可以形成特色文化产业。例如，园艺栽培、艺术品编织等不一定是依靠对文化资源的保护、开发和利用，而可以依靠创意、技术，利用乡村低廉的劳动力和其他有利条件，在一部分人的带动和政府的策划、指导下，形成特色鲜明、极具魅力的文化产业。

3. 乡村文化产业发展阶段具有递进性

在我国，乡村文化产业经历了从市场自发到挖掘文化资源、政府推动再到品牌形成、市场拉动发展阶段。

(1) 市场自发阶段。在文化产业发展的最初阶段，绝大多数的文化产业是师徒传承形式或者家庭作坊形式，可以说是产业的孕育阶段。在这一阶段，许多艺人走街串巷，进行手艺传承、演技表演等文化活动，或者加工生产工艺品，但生产规模较小，在产品的销售上，更多采用自产自销的方式，主要目的是为了谋生，其收入也仅仅能够维持家庭生活支出，没有大的盈余。同时，一些“能人”凭借敏感的市场洞察力，开始建立小企业，利用特色文化资源生产文化产品和提供文化服务，经济效益明

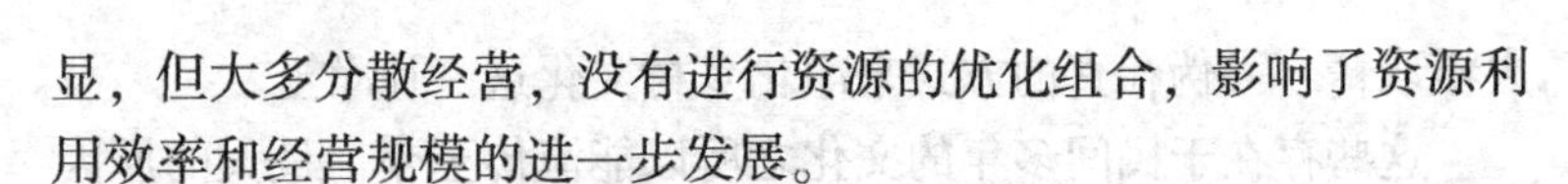

显，但大多分散经营，没有进行资源的优化组合，影响了资源利用效率和经营规模的进一步发展。

(2) 挖掘文化资源、政府推动发展阶段。由于第一阶段的带动、放大效应，文化资源的现实作用得到了展现，但是文化经济的影响力还非常有限。为了充分利用乡村文化资源，发挥文化软实力在乡村经济发展中的重要作用，政府更加重视乡村文化产业的发展，开始积极组织相关力量，对当地文化资源进行认真梳理，大力推进相关研究工作，充分发掘文化资源的内涵。在此基础上做出相关规划，出台相关政策和措施，鼓励和扶持文化产业的发展。同时，积极组织进行人才培训、技术推广、资本运作和文化资源宣传推介，大力推进文化资源的开发利用，把沉睡的、濒危的文化资源启动、放大。积极推动人才集中、技术创新、投资扩大、产业集聚，加快文化资源的市场化进程，进而推动了乡村文化产业快速发展，使文化产品质量逐步提升，品牌意识逐步增强，乡村文化市场进一步完善，企业和区域文化竞争力进一步提高。这时政府对乡村文化产业发展发挥的是主导性、导向性、推动性作用。各级地方政府更是通过更加具体的措施积极推动和扶持乡村文化产业发展。这充分体现了政府对乡村文化产业发展的积极推动。从文化产业属性上看，不少文化产业都具有一定的社会公益性质，在这些领域投资大、见效慢，如果没有足够的激励措施，民间资本是不会进入的，所以，乡村文化产业的发展需要政府的重视、引导与扶持。

(3) 品牌形成、市场拉动发展阶段。在这一阶段，乡村文化产业得到较好的发育和快速成长，呈现出整体繁荣、产业结构合理、投资主体进一步多元化的局面。各地乡村文化产业品牌形象鲜明，形成很强的品牌吸引力。同时，文化产业集聚程度明显提升，规模经济效应凸显，区域文化品牌上升为区域的重要竞争力。从而实现了把民族文化优势转化为产业优势，把产业优势转

化为品牌优势，把品牌优势转化为经济优势。这时，政府由乡村文化产业发展的扶持者逐步变成了市场的真正服务者，品牌的价值和旺盛的市场需求成为文化产业进一步发展的强大拉力，市场拉动着产业发展。文化产业也开始从对文化资源的严重依赖，走向以区域文化资源开发产业为龙头品牌、各类文化产业共同发展的局面。

4. 乡村文化产业发展模式

（1）合作社模式。以村组为单位，建立乡村文化产业合作社，或成立行业协会，由生产者共同协商管理、统一经营、利益共享、风险共担的模式。有利于推动农村传统组织方式走向合作生产与联合经营，促进分散的产业资源实现初步聚合，在小范围内推动规模化生产，为进一步推进产业分工创造条件。

合作社模式具有门槛较低、农民易于接受的优势，在产业发育程度偏低的地区，是推进产业化的必经阶段。适用于大多数产业发展基础薄弱的农村地区，也适用于乡村文化产业的各大领域。但在市场化、组织化程度发展到相对成熟阶段后，必须迅速向其他更高层次转变，否则将会制约产业层次与规模的进一步提升。应将建立乡村文化产业合作社作为加快乡村文化产业发展的基础性工程，在拥有产业资源和开发条件的地区，普遍组建以村组为单位的合作社，推动农村各类文化资源向市场转化，为更高层次的产业开发提供项目筛选和储备基础。

（2）农企合作模式。企业与农户以合同契约形式，结成产业化生产体系和利益共同体，企业为村组和农户提供市场服务，农户按合同要求提供企业所需的文化产品，获得计件或计时工资收入的组织模式。农企合作模式在提高农村的文化生产技术、规避市场风险和规模经营增收等方面具有积极作用，也是目前乡村文化产业发展较好的地区普遍采用的一种模式。

农企合作模式能够直接实现农户与企业的优势互补、互惠合作，在产业合作的基础上，充分发挥企业统筹设计、市场推广的优势，又降低了农户自主经营的市场风险，满足农民在传统农业生产之外增收的兼业需求，适用于初步具备品牌优势和生产规模，但产业化开发不足的各类乡村文化资源。应将农企合作模式作为依靠社会力量推动乡村文化产业开发的重要工程，积极鼓励和引导企业，特别是民营企业投资开发各类乡村文化产业，使文化产业成为农民增收的又一重要渠道。

(3) 公司化模式。以发展农村集体经济为基础，成立以村组、乡镇或县区为主体的文化产业公司，实施统一规划、集中管理、统筹运作、独立经营，农户与公司按照劳动合同关系参与分工作业、利益分配的模式。有利于迅速聚合农村各类文化生产要素，高起点建立市场化的生产组织，提升规模化、专业化经营水平，极大降低农民的经营风险和生产成本，有效促进产业分工合作，推动县域特色经济发展，外延效应明显，是带动农村自我发展的一种理想模式。

公司化模式区别于农企合作模式的最大特点在于，一是农民收入在按照劳动合同关系获得工资的同时，还可以获得分红收益；二是通过发展集体经济，逐步建立公共福利制度，对农民实行医疗、保险、退休等城市化的福利管理。适用于已经具备品牌和规模优势的各类农村特色文化产业资源，如以韩城党家村为代表的古村镇旅游，以户县农民画为代表的民间工艺，以东雷上锣鼓为代表的民俗活动，以紫阳民歌为代表的民间曲艺等。应将建立公司化开发模式作为发展乡村文化产业的主导性工程，在具备品牌优势和规模优势的地区，加大政策和资金扶持力度，引导组建以集体经济为基础的各类文化产业公司，推动美丽乡村建设全面发展。

(4) 园区基地模式。在优势文化产业资源地区，建立专业化或综合性的乡村文化产业园区和生产基地，将各类生产要素集

中在园区内，统筹规划、集中生产、统一销售的全产业链模式。这种模式能够有效整合优势资源，最大限度发挥生产要素能量，实现规模化、集约化经营，提升产业层次，带动县域经济发展，推进城市化进程，是乡村文化产业发展的高级形式。

此类模式适用于资源优势、品牌优势、规模优势显著，产业化开发已初见成效，商品化、市场化程度较高的资源类型，同时，要求园区所在地具有便利的交通、商贸、物流等基础条件。应将园区基地模式作为乡村文化产业开发的精品工程，选择在省内具有地域特色或在全国有一定知名度和影响力的乡村文化资源，集中资金与政策投入，实施重点开发，通过精品园区建设，扩大乡村文化产业影响力和市场占有率。

（5）集团吸纳模式。依托大型文化产业集团，将具有较高文化价值和观赏价值的乡村文化产业资源，以工作室、子项目或单项节目等形式，吸纳入集团的相关文化产业项目中，由集团进行整体规划、包装和经营的模式。有利于使散落民间的众多文化资源，借助高层次的经营平台得到开发和延续发展。

其区别于农企合作模式的主要特点在于，一是不以短期市场开发为目标，强化对特色资源的吸纳保护；二是在保持文化资源原本特色的基础上，进行适度包装整合，通过市场开拓扩大资源的影响力，形成保护传承与产业开发良性互动机制。适用于规模小、传承难、未开发的乡村文化产业资源，特别是散落在乡村的省、市级非物质文化遗产。应将集团吸纳模式作为乡村文化产业开发的保护性工程，支持引导大型文化产业集团积极筛选、吸纳稀缺性的乡村文化资源，加强策划整合，努力开拓市场，为各类乡村文化产业资源创造高层次、全方位的经营平台。

参考文献

卢伟娜，李华，许红寨 . 2015. 农业生态环境与美丽乡村建设［M］.北京：中国农业科学技术出版社.

史贤明 . 2003. 食品安全与卫生学［M］.北京：中国农业出版社.

孙树志 . 2016. 居有其所：美丽乡村建设［M］.北京：中国民主法制出版社.

唐洪兵，李秀华 . 2016. 农业生态环境与美丽乡村建设［M］.北京：中国农业科学技术出版社.